这本书的小主人是

____

我是明雪，最喜欢化学实验课，擅长利用化学知识来破案，欢迎来到化学的世界！

我是明安，还是个小学生，我擅长利用观察力和推理能力来破案，欢迎来到侦探的世界！

3 蝴蝶夫人

陈伟民 著 米糕贵 绘

中国民族文化出版社
北 京

图书在版编目（CIP）数据

学化学来破案 . 3, 蝴蝶夫人 / 陈伟民著 ; 米糕贵绘 . 一 北京 : 中国民族文化出版社有限公司 , 2020.4
(2024.6 第 4 次印刷)
ISBN 978-7-5122-0818-6

Ⅰ . ①学… Ⅱ . ①陈… ②米… Ⅲ . ①化学－青少年读物 Ⅳ . ① O6-49

中国版本图书馆 CIP 数据核字 (2019) 第 280410 号

版权代理：锐拓传媒（copyright@rightol.com）
著作权合同登记号：图字 01-2020-0661

学化学来破案 3 蝴蝶夫人
Xue Huaxue Lai Po'an 3 Hudiefuren

作　　者：陈伟民
插　　画：米糕贵
责任编辑：张晓萍
设　　计：姚　宇
排　　版：沈　存
责任校对：祁　明
出　　版：中国民族文化出版社
地　　址：北京市东城区和平里北街 14 号（100013）
发　　行：010-64211754 84250639
印　　刷：小森印刷（北京）有限公司
开　　本：145mm×210mm 1/32
印　　张：24
字　　数：400 千
版　　次：2024 年 6 月第 1 版第 4 次印刷
I S B N　978-7-5122-0818-6
定　　价：128.00 元（全 5 册）

推荐序

科学好好玩

费曼之所以选择研究物理学，是因为他觉得好玩。

居里夫人说，男女在智力上没有差异。

既然如此，那何不让大家都为了好玩而学科学呢？

很荣幸有这个机会为陈伟民老师的《学化学来破案》写序。认识陈老师多年，常在不同的场合遇到陈老师，有时是在编译馆的教科书编辑会议上，有时是在教师专业成长研讨会中，总是看到他神采飞扬地侃侃而谈其教学经验以及设计实验的巧思，并对教材提出具体的建议。我曾特别邀请他主持创意实验工作坊，让与会者能享受他创意无限的实验活动。这些年来我对于陈老师在科学实验设计上的创意深感佩服，更让我印象深刻的是他曾为求证夜市卖的饮水机的质量与说法，而亲至夜市观察并设计实验来验证其可信度。这样的实践对陈老师而言并非特例，犹记得他翻译《打造化学力》时，为求证书中所引诗词的正确性，特地寄信到美国与原作者商讨内容。可知其为学求真、求实的态度。陈老师出版的书一向深受师生与家长欢迎，同时他著作的书也是中小学生的优良读物，他对于化学的热情与执着可见一斑。

陈老师的《学化学来破案》，再度将科学知识透过问题解决的方式呈现出来。书中主角明雪的表现一再说明仔细观察、建立假说、寻找相关数据、提出证据等的推理过程，终

可获得合理的结论，这也是孩子们在科学活动中可以也应该培养的一种探究能力。譬如在《复仇之光》中，明雪提出自己观察录像的心得："监视录像里，警卫摇了几下包裹也没引爆，为什么奇铮一打开包裹就引爆了呢？（仔细观察，提出问题）"她停顿了一下继续说："当时歹徒并未惊恐后退，显示有两种可能：他知道摇晃不会引爆，或者他只是被人利用送包裹，根本不知道会爆炸。（建立假说）"接着是明雪在化学考试中，有一题考的是光反应，明雪对这类题目不是很熟，所以她先到图书馆借了一本相关书籍（联想到寻找相关资料）。明雪指出书中提及："氢气和氯气混合在一起时，若照射到紫外线会引发爆炸，产生氯化氢气体。（科学知识）"于是明雪想到它可能是歹徒引爆的方法（联想）。明雪指出："他在包裹里放置玻璃瓶，瓶中填充氢气及氯气的混合物，在黑暗中不会发生反应，就算摇晃也不会引爆（科学知识的应用）。但是当奇铮打开包装纸盒的瞬间，阳光照射到瓶子里的混合气体，立即引发剧烈的放热反应，把玻璃瓶炸得粉碎（推理、科学知识的应用，并提出证据），奇铮就是这样受伤的。而氢与氯反应后生成氯化氢，和空气中的湿气相遇

就变成盐酸，所以爆炸的碎屑中找不到火药，却验出盐酸。（解释现象与下结论）”这样的故事可以培养学生推理、运用既有知识、寻找资源、提出证据、得出结论的逻辑推理的能力。另外，这则故事也告诉我们科学知识可以制造问题，但也可以造福人群，全依赖于使用者的是非观念，所以善用知识才是王道。

伟大的科学家都有不同于一般人的敏锐观察力和推理能力。鲍林（美国著名科学家）在冬天时，与母亲和妹妹在车站候车，只见他在寒冷的空气中踱步，但妹妹和母亲则紧紧地靠在一起。据鲍林的妹妹回忆，鲍林对他的母亲说：“妈妈，如果你动一动，你就不会觉得那么冷，因为你的脚在移动间接触地面的时间只有站着不动时的一半。”小小年纪就能从日常生活观察中，做出一个合理的推论，显见科学就在日常生活中，科学素养也就是如此慢慢养成的。

陈老师的生活化教材与科学知识的应用范例，是另一种传递科学知识与引起学习动机的方式。我们希望陈老师能继续为科学教育的扎根努力，因为他的付出与贡献是受到肯定的。

台湾师范大学科学教育研究所　邱美虹

目录

复仇之光

期中考试快到了，大家连中午休息的时间都拼命用功，一边扒饭，一边看书。平常喧闹的午餐时间，呈现难得的宁静。这时，有个又高又胖的年轻人把摩托车停在校门口附近的围墙边后，手持一个包裹，来到警卫室。

“我要送东西给学生。”

警卫由学校签约的保安人员担任，今天值班的是一位老伯，他坚持外人不能进入校园。“除非你用身份证抵押，换取来宾证，等离开校园时再换回。”

年轻人摇摇头说：“那么麻烦啊，干脆你帮我转交好了。”

于是警卫接过来，看看包装精美的包裹，用手摇了摇，没有声音，便问："里面是什么？"

年轻人笑了笑，说："没什么，只是礼物。"

"要送给谁呢？"

"上面写着班级和姓名。"

警卫看到包裹外面的贴纸上写着"一年级十六班赖奇铮"，便点头代为收下，年轻人转身离去后，警卫随即向学务处报告这件事情。

几分钟后，校园里的网络广播系统就在一年级十六班教室前方的电视屏幕上打出"一年级十六班赖奇铮同学请至门口警卫室领取包裹"的字样，取代以往用扩音器广播，使校园更加安宁了。

奇铮拿到包裹时，想不通是谁寄给他的："没有贴邮票，也没有快递公司的单子，那是谁送来的呢？"

警卫伯伯说："是个年轻人送来的，说是送你的礼物。"

奇铮充满疑惑，在穿越操场回教室的途中，他迫不及待地撕开这个神秘包裹外面的包装纸，里面是个纸盒子，才刚掀开纸盒，他还来不及看清楚里面的东西，突然

“砰”的一声，奇铮立刻惨叫倒下。警卫赶过来看到他满脸是血，急忙叫救护车并报警。

宁静的校园突然听到一声爆炸声，不禁令人心中一震，马上就有别班同学冲进十六班教室大喊：“不好了，你们班的奇铮被炸伤了。”

班上同学在半信半疑之间，急忙往校门口一探究竟。这时学校的护士阿姨正在检查奇铮的伤势，几位老师站在外围，不准同学靠近，但同学们都十分心急不想离开，还有人看到奇铮满脸是血，吓得哭出来，直到救护车鸣着笛由远而近停在校门口，医护人员抬着担架下来，同学们这才放心回教室去。

下午的课让人感觉十分漫长，多数同学没有心情上课，一心挂念着奇铮的伤势，最后一节下课时，班长惠宁接到班主任由医院打来的电话。

“奇铮的脸部及手上有许多炸碎的玻璃碎片，医生花了很多时间清理那些碎片，幸好奇铮是个大近视眼，厚重的镜片保护了他的眼睛，而且没有伤到重要部位，不会有生命危险，真是不幸中的大幸，只要住院几天就没事了。”全班同学听到班长的转述都稍稍放心，大家相约放学后要到医院探望奇铮。

明雪由教室窗户望向操场，看到刑警队长李雄正在向警卫问话。她心里很烦躁，想不通怎么会有人设计这种恶毒的方法，去炸一名单纯的高中生，这个案子她管定了！

放学后，李雄一看到明雪走进警局就笑着说：“我就跟张倩说，别的案子你都管了，同班同学被炸伤怎么可能不管呢？”

明雪急着要知道调查进度，李雄把案发经过描述了一遍：“我调阅了校门口的监控录像，可惜歹徒把摩托车停在围墙边，所以没照到车牌号码，而且歹徒全程戴着头盔，所以脸孔也看不清楚。”

李雄一边说，一边播放录像给明雪看，明雪紧盯着屏幕，仔细观察歹徒的每个动作。

这时鉴识专家张倩正好到刑侦处来，也调侃明雪一番。

明雪尴尬地说：“好啊，你们都了解我的个性。张阿姨，快告诉我，你目前有什么发现吗？”

张倩收敛开玩笑的态度，严肃地说：“这个案子有点棘手，因为包裹碎片中完全找不到指纹，更奇怪的是，一般的爆炸案，一定可以检验出残余的火药痕迹，但是今天现场取回的碎片里完全没有，倒是玻璃上检验出微量的盐酸，和一般爆炸案不同。”

“没有火药？那奇铮怎么会被炸伤呢？”明雪问道。

张倩说：“他的脸和手是被玻璃碎屑划伤的，歹徒送来的包裹沾了许多玻璃碎屑，现场也找到破碎的玻璃瓶，加上操场上所有人都听到了爆炸声，所以奇铮的确是被炸碎的玻璃划伤的，不过没验出火药的痕迹，我们目前还想不出，歹徒是用什么方法引爆玻璃瓶的。”

明雪提出自己观察录像的心得：“监视录像里，警卫摇了几下包裹也没引爆，为什么奇铮一打开包裹就引爆了呢？”她停顿了一下继续说：“当时歹徒并未惊恐后退，显示有两种可能：他知道摇晃不会引爆，或者他只是被人利用送包裹，根本不知道会爆炸。”

李雄点点头："歹徒停放摩托车的位置，恰好是监视器的死角，而且他一直戴着头盔和皮手套，面貌没曝光，包裹上也没留下指纹。种种迹象显示，这是一件精心设计的犯罪事件，所以我认为第一种情况较为可能。"

张倩也同意："所以他一定使用了某种特殊的引爆法。"

接下来几天，明雪用功准备期中考试，暂时忘了奇铮的案子，班上同学也轮流到医院为奇铮复习考试重点。奇铮后来也如期出院参加考试，等最后一堂考完后，奇铮请惠宁代为宣布，赖妈妈为了庆祝奇铮出院，同时感谢同学们这几天对奇铮的关心照顾，打算邀请同学们参加明天在家里举办的小型餐会。于是大家决定一起出钱订蛋糕，明早送到奇铮家。

这次期中考试，化学有一道题考的是光反应，明雪对这类题目不是很熟，周六在去奇铮家之前，她先到图书馆借了一本相关书籍看。

奇铮位于北投的家，是山坡上的一栋别墅，门前有很大的庭院，庭院里有漂亮的草地、小池塘；餐会是自助餐形式，庭院中长餐桌上有一盘盘餐点，同学们取餐后，散落在庭院各处边吃边聊，只有明雪一人坐在树下，聚精会神地读着刚借来的书。

突然有人拍她的肩膀，原来是雅薇：“蛋糕送来了都不知道，书呆子。”

明雪自己都觉得好笑，竟然看书看到出神，透过庭院的铁栏杆，她看见一位又高又胖、戴着头盔的送货员正跨上摩托车，随即发动引擎骑走了。

明雪指着那人的背影问雅薇：“那是送蛋糕的人吗？蛋糕钱谁付的？”

“是呀！就是他，不过他说蛋糕的钱已经付清，转头就走。”

明雪回头，看到惠宁把蛋糕盒放在庭院中央的餐桌上，解开包装的绳子，正打算掀开盒子。她急忙大声制止：“不要打开！”

众人都被明雪的喊叫声吓了一跳，纷纷问：“为什么？”

明雪赶紧要所有人后退，然后向赖妈妈要了两样东西：一个黑色袋子和一根竹竿。赖妈妈丈二和尚摸不着头脑。奇铮说："妈，你就照明雪说的去做，她是个小侦探，这么说一定有她的理由。"

于是赖妈妈找来明雪要求的物品后，明雪便用黑色布袋套住蛋糕盒，然后用手伸进去摸索着掀开盖子，再去摸里面的东西，她没有摸到蛋糕，而是冰冷的容器。"各位，我猜得没错，这不是蛋糕，而是歹徒对奇铮发动的第二次攻击。"

"啊？"大家一听，吓得又往后退了好几步。

明雪抓紧黑色布袋往前走几步放在草地中央，然后后退拿起竹竿，确认众人距离够远后，就用竹竿拨开黑色布袋，里面露出一个玻璃瓶，随即听到"砰"的一声，玻璃瓶在大家眼前炸成碎片。

惠宁吓得冷汗直流："要不是你的制止，被炸伤的人不就是我吗？这到底是怎么回事呢？"

明雪笑着说："别怕，现在真相大白，我先通知警方抓人，再向你们解释。"

明雪马上拨打手机，向刑警李雄报告来龙去脉，并请他去逮捕歹徒。说完后，同学们纷纷聚拢过来，想知道整件爆炸案的真相。

明雪说："刚才我抬头看到蛋糕送货员的背影，恰好和送炸弹包裹到学校的歹徒很像，我突然想到一年前的事，当时奇铮为了卖网络游戏宝物，在KTV被化名为木瓜的网友打伤，木瓜的本名叫钱炳盛，体型也是又高又胖。"（请见《学化学来破案2》之《网中蜘蛛》）

奇铮恍然大悟："你是说那个钱炳盛已经出狱，而且要来找我复仇？"

雅薇摇摇头不以为然："光凭体型就说送货员是歹徒，太武断了吧！"

"我刚才讲了，体型只是引发我的联想而已。可疑的是，蛋糕是我订的，说好货到付款，可是这位送货员没收钱就急忙走了，天底下哪有这么好的事？"

明雪举起手里的书："今天早上，我从图书馆借了这本书，里面介绍了许多光化学反应，其中有一个反应，让我解开了谜团。”

明雪把书翻到其中一页，交给同学们传阅，然后继续说下去：“书上说，氢气和氯气混合在一起时，若照射到紫外线会引发爆炸，产生氯化氢气体。我立刻想到这可能就是歹徒引爆的方法，他在包裹里放置玻璃瓶，瓶中填充氢气及氯气的混合物，在黑暗中不会发生反应，就算摇晃也不会引爆。但是当奇铮打开包装纸盒的瞬间，阳光照射到瓶子里的混合气体，立即引发剧烈的放热反应，把玻璃瓶炸得粉碎，奇铮就是这样受伤的。而氢与氯反应后生成氯化氢，和空气中的湿气相遇就变成盐酸，所以爆炸的碎屑中找不到火药，却验出盐酸。”

同学们这才恍然大悟，明雪说：“送货员的特殊体型引起我的怀疑，为了安全起见我找来黑色布袋，再把蛋糕盒放进袋子里，因为光线被阻隔了，我才敢打开蛋糕盒，用手去摸，结果摸到一个瓶子，就知道自己猜对了。”

“也救了我。”惠宁感激地说，“你刚才用竹竿拨开黑色布袋，就是让阳光照射混合气体，所以发生爆炸，对不对？”

明雪点点头，感慨地说：“刚才的爆炸威力大家都见到了，这个歹徒太狠心，没想到他还进行第二次攻击，我已经向警方报告，也提供了可疑的嫌犯姓名，相信很快就可以逮捕他。奇铮，你可以放心了。”

赖妈妈拿着扫把要清理草皮上的碎屑，明雪急忙制止她，说：“阿姨，这是证据，不要清理，等一下警方鉴识人员会来搜证。”

这时候门口有人大喊：“送蛋糕。”

众人面面相觑：“又有第三波攻击啦？”

明雪走上前去，向送货员问了一些订货的细节，便付钱签收蛋糕。她转身对同学们说：“放心啦，这次真的是我们订的蛋糕！”

大家仍然心有余悸，每个人都退得远远的，只好由明雪掀开蛋糕盒，果然是令人垂涎三尺的草莓蛋糕，于是众人才开开心心地围过来分享，现场又恢复欢乐的气氛。

不久后张倩前来进行搜证，同时带来好消息：“钱炳盛还没进家门，就遭到李雄队长的逮捕，他承认两个爆炸案都是他干的。他坐牢期间，在狱中向一名有化工背景的犯人学习了这一套爆裂物的制作手法，前几天出狱后，因怀恨奇铮害他入狱，所以就把奇铮列为报复对象。”

明雪气愤地说：“太可恶了，自己犯罪还要怪别人，奇铮已经被他炸得这么惨，还要发动第二波攻击。”

张倩停顿了一下，才严肃地说：“根据他的供词，第二波攻击的对象，其实是你！”

“我？”明雪惊讶地问。

“是的，因为当初他被带到警局时，你就站在我身旁，记得吗？所以他决定找你复仇，他打听到你们今天这里订蛋糕，就冒充送货员将爆炸物送来，他认为掀开蛋糕盒时，大家都会围在旁边，所以一定可以炸到你。至于会不会伤及无辜，他就不管了。”

“好可怕！”明雪不禁打了个寒战，“不过，我不怕，就因为这些歹徒太可恶了，所以我更坚定决心，将来要当一名侦探，将更多的歹徒绳之以法。”

科学小百科

如果氢气在氯气中是以安静燃烧而非剧烈反应的方式，就会呈现出白色火焰的反应现象，同时伴有白雾（为HCl溶解于空气中的水所形成的盐酸小液滴）生成。

但若是在光线照射的条件下，氢气与氯气混合后的气体，就会发生剧烈的燃烧反应——爆炸，然后变成有潜在危险性的氯化氢，由氢气与氯气反应生成，其化学反应式为 $H_2 + Cl_2 \rightarrow 2HCl$。

另外，氢在常温中也容易和氟发生剧烈的燃烧反应，而生成氟化氢。氟化氢是无色气体，可在许多化学反应中作催化剂。氟化氢易溶于水，形成氢氟酸。氢氟酸可作为制造氟元素的原料，其酸性虽然不强，但可腐蚀玻璃，毒性极强。

待价而“钴”

星期天，明安一家人到美术馆参观，一楼正展出知名女画家许盈雯的油画。她花费一年时间到墨西哥写生，由于画风独特，很多人抢着收藏，所以身价也水涨船高。

明安的美术老师指定学生参观这次画展，并且撰写心得，因此他们全家人选定周末一起来欣赏。观展民众从美术馆门口排到停车场，说不定有很多学生也是为了完成作业而来。

好不容易进入展场，明安看到缤纷油画不禁发出赞叹：“哇！墨西哥的天空好蓝，好漂亮啊！”

爸爸却冷静地分析起来：“最适合画天空的颜料就是

钴蓝，由氧化钴和氧化铝制成，钴蓝作为颜料已有1000多年历史，例如中国宋代景德镇的青白瓷，就以钴蓝为原料。它非常持久，不易褪色。”

妈妈忍不住拍了爸爸一下：“别煞风景了，欣赏艺术时别谈化学好吗？”

明雪和明安受不了老爸的枯燥化学课，转头看看四周后，发现有一位系着红头巾、打扮亮丽的中年女子，正为参观民众签名。因为报上曾刊登过许盈雯的照片，两人马上认出女子就是画家本人，立刻跑去找她签名。

明安兴奋地说：“阿姨，我好喜欢你画的天空喔！”

许盈雯笑着回答：“我专门用钴蓝画天空，我非常喜欢这种颜色。”

明雪回头望了爸爸一眼，爸爸得意地撇撇嘴。

明安拿到签名后，满足地说：“我这次作业一定会拿高分！”

明雪摇摇头，给弟弟泼冷水：“光拿到画家签名没有用，心得要言之有物。”

明安一听，赶忙请教许盈雯创作时的心境，并且抄写笔记。经过她的解说，每幅画作仿佛都有了生命，大家觉得受益良多。当她提到使用颜料的心得，爸爸借机解释颜料的化学成分及性质，感兴趣的许盈雯也专心聆听。

这时，一位西装笔挺的男士表明要买画，明安一家人不好意思影响他们谈生意，只好向画家道别。因为谈得相当投机，许盈雯留下一个地址："这次画展将于下星期五结束，你们下星期六可以来我画室，看看其他作品。"

离开一楼展厅后，明安仍意犹未尽："我好喜欢许阿姨的画，真希望能拥有一幅！"

爸爸苦笑着说："别开玩笑了，她的画作都价值百万，爸爸怎么买得起？"

妈妈安慰他："别气馁，我们买本画册当纪念，不也等于拥有这些画作吗？"

到纪念品部买完画册后，明安直喊肚子饿，妈妈笑着摇头："我就知道，每次到美术馆，最后参观的地点肯定是地下一楼餐厅。走吧，爱吃鬼！"

虽说是餐厅，其实只是附有餐桌的便利商店，架子上放了面包、饼干、三明治及餐盒，冰柜里则有饮料。一进入地下室，两姐弟就到架子上搜寻从小就爱吃的饼干，爸妈则选了餐盒和咖啡。

吃了几块饼干，明安从包装饼干的纸盒里取出一个小塑料袋，里面装着许多粉红色珠子：“我一直搞不懂饼干盒里放这个做什么，又不能吃！”

“这是会吸收水分的硅胶，可当作干燥剂使用，饼干才不会因潮湿而失去酥脆的口感；况且环境潮湿容易滋生细菌，放入干燥剂还可延长保存期限。瞧，我这盒也放了硅胶。”明雪也从饼干盒里拿出干燥剂。

“咦，为什么你的干燥剂是蓝色的，我的却是粉红色的呢？”

“为了知道这些硅胶是否吸饱水分，厂商会在硅胶中添加微量氯化钴。氯化钴是蓝色的，但吸水后会变成粉红色，这样就能提醒厂商该更换新的干燥剂了。干燥剂颜色不同表示我这盒较干燥，一定比你那盒有点潮湿的饼干好吃。”明雪故意逗弄弟弟。

“那我要吃你的！”明安伸手就往姐姐的饼干盒里抓，明雪则快速闪躲。

一阵打闹后，明安又问：“那我这包干燥剂就没用了吗？”

明雪好心为弟弟解答：“只要放到太阳底下晒干，就会恢复蓝色，可重复使用。”

吃饱饭后，一家人踏上归途。始终惦记这件事的明安，回到家后就把粉红色的干燥剂放在窗台边晒太阳，约十分钟后，干燥剂就变成蓝色了，令他啧啧称奇。

※　　※　　※

明安的心得报告因为内容生动且资料丰富，果真得到高分。星期六，他兴高采烈地用零花钱买了一份小礼物，准备送给许盈雯；因为爸妈临时有事，姐弟俩决定自行前往拜访。

两人远远看见画室门前停着一辆小货车，上星期在画展说要买画的男子仍是一身笔挺西装，正和一名工人合力把多幅油画搬上车。

明雪转头对弟弟说：“看来生意谈成了，阿姨会有一大笔收入。”

“这样一来，她就能继续到世界各地写生了。”明安也很高兴。

西装男回头看到他们，脸色骤然一变，匆忙招呼工人上车，疾驶而去。明雪和明安两人见画室的门没关，就走到庭院呼叫，但屋内没人应答。

“奇怪，不是有人来取画吗？许阿姨呢？”明雪觉得事情有点诡异。

“管他呢，我们直接进去吧！”说完，明安一溜烟就往屋里冲。

明雪来不及阻止，就听到明安大叫：“阿姨，你怎么了？”她急忙跑进屋里，只见画架翻倒在地，桌椅也东倒西歪，许盈雯身上穿着工作服，却陷入昏迷。明雪立刻明白刚才那两人是来抢劫的，便转头追出去，但已看不到小货车的踪影，她只好打电话报警。

明雪返回客厅时，许盈雯已清醒过来，气若游丝地说："他们假意要买画，才喝完一杯咖啡，就突然动手抢画，还打晕我。"

明雪连忙上前安慰她："阿姨，别担心，我已经向警方报案了，救护车应该马上就来。"

许盈雯抬头看看时钟，喃喃自语："奇怪，他们似乎对我藏画的地方很熟悉，才能在短时间内犯案。"

这时，一名穿着黑色衣裤的女人，略微慌张地趿着拖鞋走进门："许小姐，你怎么了？"

许盈雯有点惊讶："阿芳，你今天不是请假了吗？怎么又来了？"

"我本来要去逛街，刚好经过这里，看到门没关，就进来看看。"名叫阿芳的女人边回话，边扶起许盈雯。

许盈雯对明雪姐弟解释："阿芳是我的用人，住在附近，会定期来打扫画室。"接着，她就向阿芳叙述画室被抢的经过，但阿芳显得有些心不在焉，一直嚷着要赶紧整理一团乱的画室。

明雪和明安见她有人照顾，就说："阿姨，我们到外面等警察和救护车。"

两人在门口等候时，明安拿出一些粉红色颗粒玩，明雪吃惊地问："你还在玩干燥剂？"

明安点点头："对呀！它会吸收我手里的水气，变成粉红色，放在阳光下又晒成蓝色，好好玩啊！"

明雪却板起面孔教训弟弟："钴是重金属，虽然量少，但还是有轻微毒性，你不应该撕开塑料袋直接玩的。"

这时远处响起警笛声，明安不顾姐姐训话，回头就往屋里冲，嘴里还喊着："救护车来了！"不料他和阿芳撞个正着，阿芳手里的抹布和小型喷雾器掉落地面，明安手上的干燥剂也撒了一地。

明雪先是开口骂他"冒失鬼"，接着向阿芳道歉，并且帮忙收拾。手忙脚乱的同时，她却隐隐觉得不对劲：掉落在不知名液体中的硅胶竟变成蓝色，而画室的空气中也弥漫着淡淡的奇怪的气味。

这时，进入屋内的救护人员把许盈雯抬上担架，准备带走。负责侦办的李雄警官问了她几个问题，大致了解案情后，指派一名警员搭乘救护车，继续询问案情。

鉴识专家张倩则制止捡起抹布的阿芳，但阿芳坚持要清扫：“许小姐很爱干净，画室被弄得这么脏乱，我必须整理一下。”

张倩提高音量制止她：“这是犯罪现场，要等警方采证完毕才能打扫，你再不听劝告，我就以破坏刑事现场的罪名逮捕你！”

阿芳把抹布一丢，不高兴地说：“不让我打扫就算了，反正我今天休假，没必要留在这里。”说完，她便扭头就走。

明雪急忙附到李雄耳边轻声说：“李叔叔，别让她走了，我怀疑她和抢匪是一伙的。”

李雄虽半信半疑，但因为多次案件都靠明雪的细腻观察而水落石出，所以仍指派一名便衣刑警跟踪阿芳：“不要打草惊蛇，详细记下她和什么人接触、去过什么地方，有可疑之处随时向我报告。”

刑警点点头，马上追了出去。

李雄不解地问：“根据许小姐的口供，阿芳比你们晚抵达现场，为什么你认为她和抢匪有关系呢？”

明雪拉着李雄蹲下来：“你看地上的小珠子呈现什么颜色？”

“有的蓝色，有的粉红色。不过，这些到底是什么东西啊？”

明安飞快回答：“这是含有氯化钴的硅胶啊！干燥时呈蓝色，遇到水会呈粉红……奇怪，这些珠子明明掉在水渍中，怎么会变成蓝色的？”

明雪点点头：“我刚才要捡这些硅胶时也觉得奇怪，后来发现这些液体不是水，而是酒精。酒精是温和的脱水剂，会与水竞夺钴离子，所以溶于酒精中的氯化钴呈现蓝色——你们摸，这些液体凉凉的，仔细闻还有一股奇怪的气味。”

李雄微微皱眉：“这里为什么会有酒精？”

“我刚才不小心撞到许阿姨的用人阿芳，这些酒精是从喷雾器里洒出来的。”明安据实以告。

明雪道出推论：“一般人看到桌椅或画架东倒西歪，应该会先扶正，就算要擦拭也会先选择清水，除非顽强污渍才会动用酒精。但阿芳为何不等伤者送医便急着擦拭，而且第一时间就使用酒精？我本来想不通，但张阿姨要求她不要破坏现场时，我就懂了——许阿姨擅长油画，她的工作服上沾有许多油性颜料，歹徒与她拉扯又打翻画架，肯定会不小心沾到颜料，从而留下指纹或鞋印。”

“所以阿芳今天请假又突然出现，是刻意安排的，对吧？这伙人本来打算趁许小姐陷入昏迷时，搬光所有画作，而阿芳也有充裕的时间消灭证据，没想到你和明安意外来访，歹徒只好仓皇离开。原定善后的阿芳被他们及时叫来，想赶在警方抵达前用浸泡过酒精的抹布清除指纹，未料明安不小心撞到她，拖延了清扫时间，还被你察觉硅胶变蓝的反常现象，所以你才怀疑阿芳。”张倩接着说明，明雪连忙点头称是。

李雄也点点头，说："许小姐刚才也提到歹徒似乎事先就知道画作放在哪里，我也怀疑是有内奸。她还告诉我，歹徒上周在画展会场以一万元现金订画，约好今天取货，所以她不疑有诈就开门了。不过，她不知道对方姓名，现在能否采集到指纹非常重要。"

明安担心地问："万一歹徒戴着手套，不就没办法追查了吗？"

张倩拍拍他的头，笑着说："放心，我刚才不仅采集到可疑的指纹，也发现许多鞋印。明雪猜得没错，这些指纹、鞋印都沾染到油画颜料，所以很容易找到。"

明安松了一口气，接着热心提议："对了，我和姐姐都看到过歹徒的面貌，如果警局有他们的个人信息，我们就可以指认。"

这时，李雄的手机响起，便走到一旁接听。不久，挂断电话的他大声宣布："还有更好的消息！许小姐发挥画家的本领，在前往医院途中，画出一张歹徒的素描。有了这么多线索，不怕抓不到歹徒！"

※ ※ ※

第二天，明安一家人去医院探望许盈雯，李雄正巧在那儿告知她破案的好消息：“我们由采集到的指纹，查出嫌犯名叫简仁斌。这家伙前科累累，专门抢劫艺术品，走私到国外以高价卖出。他事先买通阿芳搜集情报，才能知道你藏画的地点。”

许盈雯摇头叹息：“真是知人知面不知心啊！”

“幸好明雪提醒，我们才能及时跟踪阿芳，发现她昨天下午离开画室后，就和简仁斌会合，索取酬劳。根据跟踪警察回报的歹徒藏匿地点，昨晚大规模围堵，将犯案三人统统逮捕，你的画作也全部追讨回来了。”

许盈雯甚感欣慰，摸摸明雪和明安的头：“谢谢两位小侦探的协助，我决定从失而复得的画作中，选一幅送给你们。明安，你最喜欢哪一幅？”

明安因为用心撰写美术报告，对许盈雯的画作了如指掌，马上回答：“我最喜欢那幅《美丽的天空》！”

她立刻爽快应允，但爸妈觉得这份礼物太贵重，不敢接受。

许盈雯笑着摇头：“这些画差点落入歹徒手中，能全部找回来，算是奇迹。再说，要不是这对小姐弟赶到，说不定连我都被歹徒灭口了。懂得欣赏画作就有资格拥有，请你们收下吧！”

由于许盈雯非常坚持，爸妈只好道谢接受。走出医院后，爸爸大开玩笑：“哇！我们家客厅要挂上一幅百万名画，我们都变有钱人了！”

怎知明安板着脸，略带不满地说：“什么有钱人？这幅画是阿姨送我的，不准把它卖掉！”

爸爸一脸委屈：“我又没说要卖，干吗那么凶？”

妈妈和明雪看见爸爸的表情，不禁哈哈大笑。

科学小百科

硅胶是最常见的干燥剂，是硅酸钠加酸后制成的。因为硅胶的本身就有多孔构造，所以吸附面积极大，可吸附许多物质，若作为干燥剂，除湿力强、防潮性佳。若再添加氯化钴作为指示剂，则可显示是否已吸饱水分。

氧化钙，又称为生石灰，呈白色或灰白色块状物，常用作食品、衣物或照相机的干燥剂。生石灰吸水后会变成氢氧化钙，也就是熟石灰。虽然氧化钙吸水能力比硅胶强大，但碱性强，具腐蚀性，而且只要吸水变质后，就无法重复使用。

黑心漂白

天气变冷了，明安在放学回家途中，经过一家连锁药店，想进去买暖手宝。刚走入店门，差点与一名中年男子撞个满怀，他赶紧道歉："啊，对不起！"

对方只是低着头，不发一语就急急忙忙走了。

明安看着那人的背影："咦，这不是楼上的王伯伯吗？怎么这么匆忙？"

王伯伯和明安住在同一栋公寓，明安听说他在自来水厂工作，而王伯母因为脑部长瘤，开刀后身体虚弱，经常昏倒，无法外出工作，平日都待在家里，偶尔打扫屋子，很少出门，与邻居来往也不多。

明安买好暖手宝后，刚走进家中，就闻到一股奇怪的臭味，遂向妈妈抱怨。

妈妈解释:“这应该是漂白水的味道吧！不知道哪家在大扫除，臭了一整天！”

一会儿明雪回到家，进门也抱怨那股臭味:“这是氯气的味道，我在实验室里闻过，一辈子都忘不了！”

这时，远处传来救护车的鸣笛声，由远而近且越来越大，戛然而止，似乎就停在楼下。正在聊天的三人都吓了一跳:“该不会是附近发生了什么意外吧？”

明安打开铁门想下楼看热闹，却见两个医护人员一前一后，抬着担架跑上楼梯。

妈妈急忙拉住他:“不要出去妨碍救人工作！”

几分钟后，医护人员抬着担架下楼，明安在楼梯口张望。他看到上面躺着一名昏迷的女人。虽然医护人员已经帮她戴上氧气罩，但明安仍认出她的容貌:“是王伯母！”

此时，明雪和妈妈也到门口查看。只见王先生着急地跟在医护人员背后，妈妈关心地问他出了什么事。

王先生摇摇头："我回家就发现她晕倒在浴室地板上，就赶紧打120送医，希望还能救回一命！"说完，他就匆匆忙忙下楼，跟着救护车走了。

妈妈不禁叹气："唉！王太太的身体本来就不好，希望这次能平安度过！"

明安嘟着嘴："我刚刚在药店遇到王伯伯，还差点相撞。"

妈妈无奈地说："大概是帮太太买药吧！他太太的身体很不好。"

一小时后，鸣笛声又响起，这次来的是警察。明安好奇地打开铁门，看见李雄带头走上楼来，他开心地打招呼："李叔叔好，请进来坐。"

李雄摇头："这次不是来聊天的，你们楼上有人死亡，我是来办案的！"

"办案？"妈妈和明雪闻言吓了一跳，赶紧跑到门口问个究竟。

"你们楼上的王太太在送医途中就死了，现在她先生正准备带我到家里查看。”李雄沉声说明。

明安这时才发现王先生垂头丧气地由另一位警员陪伴，跟在李雄身后。

妈妈说：“王太太身体不好，常常上医院，这次可能又临时发病，只是家里没人，无法及时送医，才发生不幸。”

王伯伯难过地点点头：“唉！我今天要是请假在家陪她，就不会发生这种事了。”

李雄挥挥手，对妈妈说：“我懂你的意思。如果查看现场后没问题，只要医生开出因病死亡证明，就可以结案了。不过基于职责，总是要到现场查看一下。”

深思许久的明雪对李雄说：“李叔叔，爸爸托我拿件东西给你，请你进来一下，先让王伯伯上去开门，好吗？”

妈妈狐疑地看着明雪：“你爸爸有东西要给李叔叔？我怎么不知道？”

看着明雪高深莫测的模样，李雄马上会意，转头对警员说：“你先陪他上去，但不要移动现场东西。”警员点点头，和王先生一同上楼去了。

明雪等李雄进屋后，把铁门和木门都关上。

李雄问："什么事那么神秘？"

"王伯母或许是病死，但也可能是被害死的！我想应该请张阿姨来搜证。"明雪悄声回答。

李雄皱眉："每天因病死亡的人很多，如果没有可疑之处，不可能每个案件都找鉴识专家来搜证。"

明雪摇头："确实有可疑之处！"

"别胡说！你这是在指控王先生……万一冤枉人家，以后见面时，多难为情！"妈妈出言制止。

明雪不理会她的反对，继续问李雄："你有没有闻到一种奇怪的味道？"

李雄点点头："这栋公寓平常就有此种味道吗？"

"没有，只有今天才闻到，而且早上更浓，现在已经比较淡了。"妈妈依实回答。

李雄沉思了一会儿："嗯，那有必要找张倩来看看。"

说完，李雄边打电话边上楼去，仔细观察王伯伯家中的布置及询问王太太的生活习惯后，就请警员带着王先生到警局里做笔录。

几分钟后张倩到了，她邀明雪上楼，帮忙找出怪味的发散地。她们一走进王家，发现臭味比楼下更浓；两人互看一眼，心中都想着：“是从这里散发出来的！”

李雄带她们到浴室，指着地上说：“根据王先生的说法，他下班回来就发现太太趴在浴室地板上，救护车上的医护人员也证实他们抵达时，王太太是面朝下、倒在地板上的。”

明雪把鼻子凑近洗手台，用手由外向内搧——这是化学老师教的动作，嗅闻有毒气体时使用这个方法，既可闻出药品的特殊味道，也能避免一次吸入太多。“洗手台的排水管有很浓的氯气味道。”明雪皱着眉说道。

张倩拿出一枝棉花棒在洗手台的排水管擦拭几下，然后放进密闭的塑料袋中。

她们又把房子内外看了一遍，在室外阳台发现一瓶漂白水和清洁厕所用的盐酸，并排放在窗台上；旁边还有个小塑料盆，里面残余些许水渍。明雪又把气味搧过来闻，说道：“这个塑料盆也有浓烈的氯气味道！”

张倩闻言，把塑料盆的水渍倒入小试管中密封起来，准备带回去化验。

明雪指着窗台上的漂白水和盐酸：“张阿姨，你和我想的一样吗？”

张倩点点头，转身向李雄报告：“这两种液体如果混合在一起，就会产生氯气。氯气是种黄绿色的有毒气体，不慎吸入后，会导致呼吸困难、咳嗽、喉咙与眼睛不适等症状。许多家庭主妇或游泳池清洁人员因为缺乏化学知识，容易把漂白水与其他清洁剂混用，结果产生有毒气体，在各地都曾造成意外中毒的不幸事件。”

李雄听完后下了结论：“所以王太太可能是打扫浴室时，把这两种液体倒入塑料盆里混合，结果产生氯气，因而中毒致死吗？这样的话，就纯粹是意外而没有加害者！”

张倩回答：“有可能。但一般氯气中毒时，患者因为呼吸困难，都会逃离现场，不致中毒太深，顶多住院几天就可康复。为什么王太太没有逃出去求救？这点还是要深入追查。”

“会不会是因为她身体太虚弱，吸入毒气就晕倒了而没机会求救呢？”李雄推测。

明雪点点头：“当然有可能，不过我还有另外一个疑问——如果王伯母当场晕倒，那么是谁把塑料盆里的液体倒入洗手台的？又是谁把它放在户外通风处的？”

李雄说：“这点我可以问问王先生，确认他回家后是否移动过这些物品。”

明雪送李雄和张倩下楼，回到家后，对妈妈和明安大概叙述了在楼上所见的情形。明安似乎若有所思，却欲言又止。

李雄回到警局后，询问王先生是否移动过塑料盆、漂白水及盐酸等物品，他略显吃惊，但随即恢复镇定。

他坦言：“是我移动的，因为一进门就闻到了氯气。我在自来水厂工作，本来就知道氯是用来消毒自来水的，所以对那味道很熟悉。我进入浴室后发现太太昏迷，旁边又有漂白水、盐酸及塑料盆，马上明白是怎么回事，所以赶紧把盆里的液体倒掉，将物品放到通风处，然后打开门窗，以免连我也中毒，接着才报警。所有程序都是基于救人优先，我这样做有错吗？”

李雄质疑：“在我们发现你太太是氯气中毒前，你为什么不讲呢？”

“因为没人问我啊！现在你提出质疑，我就告诉你啦！”王先生大声辩称。

李雄为之语塞，只好放他回去。

第二天下课后，明雪到警局找李雄和张倩。

张倩向她解释检查结果：“我化验了塑料盆及洗手台里的水渍，有大量钠离子、次氯酸根及氯离子——没错，是漂白水与盐酸的混合物！”

李雄插嘴道：“王先生承认倒掉盆里的液体，但目的是为了使它不再产生氯气，这是救人的动作。如果没有别的证据，只能用意外中毒结案了！”

张倩焦急地说："等等！法医的解剖报告刚刚出来，王太太除了脑部有开刀旧疤痕外，肺部有发炎、水肿现象，眼角膜也发炎，这些都是氯气中毒的症状……这些都是意料之事，但她的双臂外侧却出现对称性挫伤。"

这下子，李雄的精神来了："这表示什么？"

张倩意味深长地看他一眼："代表她的两臂曾遭捆绑。"

李雄瞪大了眼睛："啊，你是说王太太中毒后无法逃脱，是因为她遭到捆绑吗？这样的话，就是说氯气也是蓄意制造、企图置她于死地吗？"

明雪点点头，发表她的意见："没错！如果我们未深入追查，可能就以'因病死亡'结案——王伯母本来身体就虚弱，也没人会怀疑。后来我们察觉她是中毒而死，凶手就引导警方朝意外事件的方向思考……他的心思实在太缜密了！没想到……"

话未说完，只见明安气喘吁吁地跑进警局，大喊："李叔叔，我知道了，王伯母是被害死的！我已经找到证据了。"

明雪本来要责备明安不该打断别人的谈话，但既然跟案情有关，就让他说下去。

“昨天下午，我在药店差点和王伯伯相撞，不久就发生了王伯母中毒送医的事。听姐姐讲，她是因氯气中毒而死的，我就想，若能知道王伯伯在药店买了什么东西，可能对了解案情有帮助。所以刚刚放学后，我便回到药店去问店员。可是每天客人进进出出的那么多，店员怎么会记得哪个客人买了什么呢？幸好我带了买暖手宝的发票，请他帮我查查前一张单子上面的物品是什么。结果你们猜，王伯伯回家前买了什么？竟然是活性炭口罩！”

“说不定他刚好感冒，所以买个口罩也没什么稀奇。”明雪说道。

明安反驳：“可是店员一看到发票就想起来了，那个买口罩的人竟然当场打开包装，还向他要了一杯水，把口罩弄湿，这种举动很不寻常，所以给他留下了深刻印象。”

张倩和明雪两人异口同声：“氯气易溶于水，要把口罩沾湿，才能隔绝！”

这时，一名年轻刑警走进来向李雄报告：“队长，你要我调查王太太的投保情况，结果已经出来了——她有一张高达1000万元的寿险保单！”

李雄“哗”的一下从椅子上跳起来：“凶手不但预先知道家里充满氯气，死者身上又有捆绑痕迹，现在再加上高额保险金作为谋财害命的动机……走吧，咱们抓人去！”说完就带着年轻刑警出门了。

张倩不禁摸摸明安的头：“你这个发现可算是破案的临门一脚，功劳不小哟！”

明雪望着因得意而不断傻笑的弟弟，也感到与有荣焉。

科学小百科

漂白剂是通过氧化还原反应以达到漂白物品的功效。常用的化学漂白剂一般分为两类：氯漂白剂及氧漂白剂。其中氯漂白剂通常会与洗衣粉合并使用，家庭主妇有时也将它当作消毒剂。如文中所述，此种漂白剂与卫生间使用的清洁剂混合时，容易产生有毒的氯气；另外，也应注意不要将漂白剂与含氨的清洁用品（如玻璃清洁剂）混合，或直接用来清理马桶内部，除了会产生氯氨外，还可能出现一系列氯胺类的化合物，如氯胺（NH_2Cl）、二氯胺（$NHCl_2$）及三氯化氮（NCl_3，具爆炸性）等，这类化合物都有毒。

酒不醉人

星期五早上，雨下个不停，明雪和明安吃完早餐后站在窗边，望着天空发愁，心想：“下雨天要拿着湿答答的伞挤公交车，真不舒服。”

爸爸看出他们的心事，心软地说：“我今天要到坪林开会，顺便带你们去学校好了。”

姐弟俩一阵欢呼，马上穿鞋出门。

下雨天本来就很容易堵车，但今天实在太夸张了，离学校约一千米的一条街道被堵死，完全动弹不得。眼看姐弟俩就快迟到了，爸爸提议干脆走路比较快。

明雪和明安下车走了一段距离，终于发现大堵车的原因——一辆轿车竟开上安全岛撞倒行道树，不但车头全毁，还阻碍交通。明安看见在现场指挥的是李雄警官，就挥手打招呼："李叔叔早！"

明雪也关心地问："怎么撞得这么惨啊？"

李雄摇摇头："唉！又是酒后开车惹的祸。这名女驾驶被困在撞扁的车身里，我们费了九牛二虎之力才把人救出来，但她浑身酒味，现在已送到医院。她的伤势很重，非常不乐观；就算她被救活了，也要面对司法调查。"

因为两人急着上学，李雄也忙于指挥肇事车辆的拖吊工作及疏导交通，所以三人匆匆道别。

明安一踏进校门，上课铃声刚好响起，他便赶紧跑进教室。下课后，欧丽拉走过来对他说："告诉你，我妈妈已结束美国的工作，搬到台湾来了。"

"哇，我真为你高兴！"明安开心回复。丽拉的爸爸因为在台湾做生意，所以带着她定居台湾，欧妈妈则暂时留在美国。丽拉很想念妈妈，现在一家人终于团圆，难怪她会这么高兴。

丽拉接着说："上次你和你姐姐协助我爸爸破案，他一直想要邀请你们全家到他的大饭店用餐，你们却婉拒了。今天早上爸爸又提起这件事，希望能敲定明天中午聚餐，顺便让妈妈认识你们，你看怎么样？"

听见有大餐可吃，明安的口水都快流出来了："明天是周末，我想应该可以吧！但我得问一下他们有没有空。"

经由手机确认大家都乐意赴约后，明安和丽拉就敲定了这场午餐约会。

※　　※　　※

隔天早上天气转晴，大家都很开心。吃早餐时，爸爸提起昨天在车祸现场看见李雄，不过他在执勤，两人没能聊上天。

妈妈笑着提议："那我们去聚餐前，先到警局找他聊聊吧！"

姐弟俩举双手赞成，爸爸也欣然同意。

一行人到警局时，李雄正好从侦讯室走出来，身后跟着一名五十岁左右的男子，头发抹得油亮，脸上布满皱纹，一副历经风霜的模样。李雄转头叮咛他：“吴先生，夫人这起车祸疑点重重，警方需要深入调查，请您不要远行。”

男子面无表情地说：“我太太还在住院，我得照顾她，当然不会离开台湾。”

送走男子后，李雄便邀他们到办公室坐坐。

爸爸好奇地问：“刚才听你提到车祸，跟昨天早上的事件有关吗？当时我也堵在车阵里，看见你忙着指挥交通，就没叫你。”

李雄点点头：“没错，他就是肇事者的丈夫。肇事者名叫詹筱莹，是航空公司职员，目前仍在急救室，尚未清醒。昨天在抢救过程中，我们就闻到她身上有酒味，后来医生抽血检验，发现血液中酒精浓度高达0.11%，换算成呼气量，就是每升含有0.55毫克酒精，已明显违法。”

妈妈不禁摇头：“喝这么多酒还开车，多危险呢！如今把自己害惨了。”

李雄继续说明:“的确很不应该，但急诊室的医生从詹小姐的病历中发现，她前几天才因感冒引发肺炎，到同一家医院就诊，于是找来呼吸道科医师会诊。呼吸道科医生说，他开了医师证明给詹小姐，让她休息三天，算起来，昨天是销假上班的第一天，而且他曾特别叮咛詹小姐不可以喝酒。”

“好奇怪哦，詹小姐为什么不听医生的话呢？”心直口快的明安疑惑地问。

李雄不在意被打断，接着补充:“没错，医生也觉得奇怪，已经生病三天的人怎么还喝这么多酒？我之后到航空公司调查詹小姐是否有酒瘾，结果出乎意料——公司同事都说詹小姐滴酒不沾，对于她酒醉驾车感到不可思议。”

“嗯，的确很奇怪！”明雪感兴趣地问，“李叔叔，你是怀疑詹小姐的先生，所以才找他来问话吗？”

“我们觉得这件案子可能不是单纯的酒醉驾车，但目前毫无头绪，所以没有特定嫌犯，只是请他回想昨天詹小姐是否有异常情形，才让她一反常态的酒后驾车。”李雄据实以报。

明雪立刻追问:“结果呢? ”

李雄翻翻笔记:“嗯……他叫作吴翔年,是同一家航空公司的机长,经常飞国际线,所以我才叮咛他调查工作结束前,暂时不要离开台湾。根据他的说法,他前天晚上才从日本飞回台湾,深夜抵达家门。昨天早上詹小姐出门时,他还在睡觉,直到警察通知太太出车祸,他才起床。”

众人沉吟了一会儿,默然无语。爸爸无意间看见时钟,连忙起身向李雄告辞:“我们还有个饭局,时间差不多了,改天再来找你聊聊。”

离开警局后,明安感慨地说:“警察好辛苦啊!我们都放假了,李叔叔还在工作。”

妈妈笑着回应:“那是因为他很负责任。要是他敷衍了事,把这件案子当成一般酒醉驾车的意外处理,就不用那么辛苦了。”

两姐弟点点头,从心底佩服李雄警官。

※ ※ ※

四人抵达欧爸爸经营的佳日大饭店时，丽拉一家人已在餐厅等候。欧妈妈留着一头金色秀发，瘦瘦高高，笑容可掬。仔细瞧，丽拉的五官和妈妈还真像！因为欧妈妈不太会说中文，大家就用简单的英语交谈。

待大家就座后，服务生便开始上菜。因为是老板请客，所以菜色十分精致，大家都吃得很尽兴，最后主厨还到餐桌旁致意。

这时，欧爸爸提议："今天是假日，客人比较多，我们把座位让出来，到我的办公室继续聊。"于是，大家就移师办公室，欧妈妈还很客气地问大家要喝什么。

爸妈想喝茶，明雪要咖啡，明安和丽拉则想喝果汁。欧妈妈详细记下来后，便转身笑问欧爸爸："What's your poison？"

明雪吓了一跳，心想："poison不是毒药吗？"但她看欧妈妈仍然笑嘻嘻的，不像要谋杀人的样子，就悄悄问丽拉："你妈妈怎么问你爸爸要喝什么毒药？"

丽拉忍不住笑了出来："哈哈，不是啦！这句话是问别人'要喝什么酒'，通常是朋友间开玩笑的用语。"

果然，欧爸爸点了一杯红酒，明雪庆幸自己没有大声嚷嚷，否则就闹笑话了。不过，把酒当毒药虽然是玩笑话，倒也十分贴切——像欧爸爸这样饭后来一杯，当然是快乐的事，但如果像詹筱莹那样酒后驾车，不正像毒药一样要人命吗？可是，为何平常不喝酒的她会突然酒后驾车呢？真是难以理解。

大人们边喝边聊，小朋友也有自己的话题。突然，明安皱着眉头低喊："柠檬汁好酸啊！"

丽拉笑着解释："这是我们家的习惯啦！妈妈特别交代服务生不要加糖，因为她说吃太多糖不但会长蛀牙，还会发胖。"

基于礼貌，明安也不好意思再说什么，只是默默放下果汁。见状，丽拉神秘地说："我妈妈有一种神秘果实，我让你们瞧瞧它的功效！"

说完，她就到欧爸爸桌上的水果盘拿了一颗红色小浆果给明安，并且指示他："你嚼一嚼。"

明安依言照做，却吃不出什么特殊味道。丽拉也没多说，只是把柠檬汁递给他，"你再喝喝看。"

有点不情愿的明安忍耐尝了一口，就在这时，奇怪的事发生了——柠檬汁竟然变甜了！他惊呼出声："哇，好神奇！这是什么水果？"

"它叫作神秘果，原产于非洲，咀嚼果肉后再吃其他酸性物质，只会觉得甜。西非人利用神秘果让不新鲜而变酸的玉米面包，变得容易下咽。"丽拉转述从妈妈那儿听来的故事。

"可是，变酸的玉米面包还是不新鲜，会害人因此而生病。"明雪说到这里突然灵光一闪，转头询问，"爸，你听说过神秘果吗？为什么它能让酸的食物变甜呢？"

爸爸详细解释："那是因为里面含有一种特殊的蛋白酶，叫作神秘果素。当我们咀嚼果实时，神秘果素与味蕾结合，就会改变味觉，使得酸味、苦味都变成甜味。"

闻言，妈妈开起玩笑：“有这么好的东西？那我要多买一点！以后菜只要随便煮一煮，加入神秘果，你们都会说好吃。”

明安和明雪露出“饶了我吧”的表情，爸爸继续说：“近来科学家利用基因改造，使得大肠杆菌及莴苣能大量生产神秘果素。不过，美国及欧盟都禁止厂商把它当作人工美味，只有日本把它列为食品添加剂。”

明雪点点头，忽然向欧妈妈要了一杯红酒。爸妈都惊讶地看着她，明雪通常只有过年过节才喝一点酒，从来没见过她主动开口要喝酒。

明雪尝了一口红酒，嘴里顿时充满涩味。接着，她拿起神秘果咀嚼，再喝一口红酒，涩味果然消失了，取而代之的是甜味。放下酒杯后，明雪向众人宣布：“我懂了！平日滴酒不沾的詹小姐突然酒醉驾车，或许就是因为有人让她在不知情的情况下，吃了神秘果或添加神秘果素的食物。一旦味觉被改变后再喝酒，詹小姐无法察觉有异，才会开车外出，造成重大车祸。”

见丽拉一家人露出茫然神色，爸爸便简略说明整起案件。了解来龙去脉后，欧爸爸赞许地说：“嗯，果然是个厉害的小侦探！不过，以上情节纯属猜测，没有证据。”

明雪耸耸肩：“我只是提供突破盲点的想法，搜集证据的工作就交给警方吧！”

说完，她马上打电话给李雄叔叔，向他说明自己的想法。挂断电话后，两家人又继续说说笑笑，直到傍晚时分才离开。

※　　※　　※

星期天恰巧是妈妈的生日，明雪和明安决定按照食谱做个生日蛋糕，请妈妈品尝。

时近中午，李雄和鉴识专家张倩一起来访——原来，詹筱莹的案子破了！感兴趣的明雪马上溜到客厅听破案过程，独留明安在厨房里忙碌。

张倩先开口说：“一般车祸意外不会按刑事案搜证，但因为明雪提醒，我们才决定采集证据，结果在车上发现詹筱莹的酒醉呕吐物，其中含有酒精和神秘果素成分，和明雪的猜测相符。”

李雄接着补充：“我们赶到吴家找吴翔年，但他已不见踪影，也没有在医院照顾太太。我们随后紧急通知相关部门，限制他离开台湾，结果有消息称吴翔年正好要搭机去日本，已请机场警察将他拦阻下来。要不是明雪破解犯案手法，可能就让他溜掉了。”

“他为什么要杀害太太呢？”妈妈不解地问。

李雄叹了一口气：“唉，因为他常飞日本线，在日本结交一名女友，所以想诈领太太的保险金，和女友远走高飞。神秘果素就是他上次回台湾时，从日本带回来的。”

“所以是预谋杀人？”明雪不敢置信。

“嗯，他知道太太每天早上都会喝牛奶，就偷偷加入神秘果素。等她味觉改变后，再骗她说感冒刚好，要多喝富含维生素的葡萄汁——其实，那杯正是红酒。詹小姐因为味觉有异，无法判定是酒还是果汁，所以才会不胜酒力，发生车祸。更可恶的是，因为他没有如愿害死太太，所以就趁她还在急诊室之际，偷取她的珠宝，打算到日本和女友会合，不再回来。”李雄愤愤不平地说明案情。

“找到他犯案的证据了吗？”明雪担心这种坏人逃过法律制裁，急急追问。

李雄点点头：“嗯，我们在他家搜出神秘果素，也查到他在日本购买神秘果素的刷卡记录。眼看计谋被拆穿，他什么都招了；何况，詹小姐也已脱离险境，等她清醒，自然会说出是谁骗她喝酒。”

这时，明安端着刚出炉的蛋糕走出厨房，兴奋地说：“李叔叔，这是我做的蛋糕，请你吃一块儿！”

李雄看着烤焦的蛋糕，苦着脸对张倩说：“你带昨天搜到的神秘果素了吗？”

众人听出他话中有话，不禁哄堂大笑。

科学小百科

酒精性饮料饮用后，20%会由人体的胃吸收，剩下的则由小肠与大肠吸收，数分钟后即分布在血液中。经由肝脏催化代谢，大约95%的酒精会先变成乙醛，再氧化成醋酸，最后形成二氧化碳和水；其余的5%则由粪便、尿液、呼气、皮肤汗液与唾液排出。

炼金梦

终于放寒假了！经过一学期的紧张生活，明雪和明安终于可以松一口气。

在结束考试压力与长期未放假的折磨后，两人都迫不及待想去度假，但爸妈没空带他们出去玩，因此姐弟俩打算自己去度假。只是，去哪里好呢？

“到莺歌的外婆家住几天好了，不但可以每天爬山，还能参观陶瓷博物馆，而且，外婆做菜超好吃！”明安想到不花钱又能开心度假的好去处。

“那是外婆自己种的菜，不洒农药，现摘现炒，当然好吃。”明雪非常赞成这个提议，因为爸妈一定不放心他俩在外住宿，如果是到外婆家，肯定没问题。

果然，爸妈欣然同意，却不忘叮咛他们：“在外婆家不可以赖床，要多运动，寒假作业也要按时写。”

“好啦，没问题！”为了能够成行，姐弟俩当然一口答应。

※　　※　　※

外婆家在莺歌石下方，虽然门前是马路，门后却有个小庭院可以种菜。小庭院后方就是登山步道，只要走过一小段陡峭阶梯，就能抵达知名的莺歌石。这块巨石因为由某个角度看去很像莺歌鸟，所以被称为莺歌石，小镇名称也由此而来。

登山步道四通八达，连接好几座庙宇，登山口还有一间孙膑庙。总之，小镇笼罩在浓浓的宗教和文化气息中。

外婆很欢迎两姐弟的到来，因为现在只剩她老人家独居于小镇上。虽然明雪的爸妈每个月都会寄生活费，可是外婆仍坚持自己种菜、卖菜，即使菜园小、获利不多，但她只求能劳动健身就好。

屋子里多了两个小孩，顿时热闹起来。当天晚上，外婆还到后院摘取新鲜蔬菜，炒了几样拿手好菜，让他们大快朵颐。

隔天清晨六点，姐弟俩还在睡梦中，就被外婆叫醒："明安、明雪，起床喽！我们到山上走走。"

明安睡眼惺忪地看了一下手表，哀号出声："什么？才六点多就要去爬山？会不会太早了？"

外婆笑嘻嘻回应："不早啦！我五点就起床，已经忙完菜园里的工作了。现在到山上走走正好，我等一下还要到市场卖菜呢！"

※　　※　　※

冬天的早晨天色有些迷蒙，但登山步道上已有许多早起健身的人。前往莺歌石的步道很短，但明雪和明安在期末考试前埋首苦读，缺乏运动，体力大不如从前，走得气喘吁吁；七十多岁的外婆反而健步如飞，不断回头催促他们走快一点。

这时，两名老人迎面走来。前面那位须发全白，罩着一件蓝色长袍，仙风道骨；后面那位双手合十，非常虔诚。

明雪和明安认出后面那位是外婆的隔壁邻居阿根伯，便礼貌地打招呼："阿根伯早！"

阿根伯也是个独居老人，很喜欢明雪和明安，总是拉着他们问长问短，这次却一反常态，只抬头看了他们一眼，就跟着蓝袍老人下山了。

明安不解地问："阿根伯怎么不理我们？"

外婆摇摇头："我也不知道怎么回事。自从三天前那个白胡子道士到他家后，阿根就变得很奇怪，每天清晨都跟着道士到山上做法，然后关在家里装神弄鬼。算起来，他已经三天不说话了。"

明雪和明安知道原委后，默默地跟着外婆前进。好不容易走到莺歌石，三人往山下眺望，正好看见小镇在晨曦中苏醒，不禁心旷神怡。

待了好一会儿，姐弟俩步下阶梯，心想总算撑完晨间运动，就往外婆家走。回程经过阿根伯家后院时，一股呛鼻味迎面而来，由于步道地势较高，姐弟俩便探头往院子里望，只见蓝袍老人正拿着勺子在陶锅中搅动，臭味就是从那里飘散出来的；阿根伯则跪在一旁，双手合十，似乎在默念经文。

回到家中，外婆交代两人稀饭在炉子上后，就挑着清晨刚摘的青菜，到市场去了。明雪和明安吃过早餐，决定到陶瓷老街逛逛。

今天不是假日，街上有点冷清，两人就随意闲逛。忽然，他们看见阿根伯怀里揣着白色帆布袋，低着头，行色匆匆。基于礼貌，明雪和明安还是恭敬地鞠躬问好，阿根伯虽停下脚步，却没有说话。

姐弟俩只好又喊了一声："阿根伯好！"

阿根伯为难地东张西望，确定周围没人在看他后，小心翼翼地从口袋掏出两枚银白色钱币，递给明雪和明安。他压低嗓门，神秘兮兮地说："这两枚银币送你们，暂时不要告诉别人！阿根伯偷偷告诉你们，我快发大财了，以后再给你们更多钱；到时候别说是银币，连金币都没问题！”说完，他就匆匆忙忙地走了。

明安玩着银币，兴奋大喊：“哇，银币亮晶晶的，好漂亮啊！”

明雪则不断翻转银币，陷入沉思。片刻后，她突然拔腿就跑，边跑边回头说明：“明安，我们快回外婆家，我要做一个实验！”

明安的脚还有点酸，不禁抱怨：“干吗那么急？慢慢走回去就好了嘛！”

“现在没时间解释，我怕来不及！”明雪不愿放慢脚步，明安也只得朝着外婆家狂奔。

一进屋里，明雪就找来镊子夹住银币，然后命令弟弟：“帮我打开瓦斯炉。”

接着，她将银币放入火焰中，明安见状，吃惊地说：“姐，银币这么珍贵，你干吗把它烧掉？”

明雪无暇回答，再度提出要求：“你快到窗口监视阿根伯家有什么人进出！”

明安虽然有些不服气，但也清楚姐姐的推理能力和科学知识比他强太多了，所以只得乖乖照做。不一会儿，他看见阿根伯抱着帆布袋，匆匆回家——看来，姐姐刚才跑得那么快，就是想赶在阿根伯回来前抵达外婆家。可是，阿根伯到底出了什么事情呢？

这时，明安听到明雪关上瓦斯炉的声音，接着还拨打电话，轻声交谈。挂上电话后，她走到明安身边，小声询问："有谁进出阿根伯家？"

"只有阿根伯进入屋里而已。姐，到底怎么回事？"明安按捺不住好奇心，急急追问。

就在此时，蓝袍老人步出阿根伯家，明雪暗叫一声"糟糕"，马上冲出外婆家，明安也跟了上去。

明雪双手大张，拦住蓝袍老人的去路："老先生，请留步！"

蓝袍老人又惊又怒，作势要打明雪："小妹妹，你凭什么挡住贫道的去路？再不让开，贫道可就不客气了！"

明安虽然不懂姐姐为何要这么做，但还是本能地站到明雪前面保护她。

明雪指着老人怀里的白色帆布袋，说：“我猜，这包东西是阿根伯的钱。只要你还给他，我就放你走。”

“胡闹！这是他拜托贫道收下的！不信的话，你自己问他。”蓝袍老人往后一指，指向站在自家门口的阿根伯。

阿根伯急忙澄清：“明雪，你们别管这件事。我说过了，等我发财，会分给你们的。”

蓝袍老人一听，勃然大怒：“原来你告诉他们了，难怪他们会来捣乱！我不是警告过你吗？这件事若让其他人知道就不灵了。”

阿根伯汗如雨下地急忙解释：“我……我真的什么都没有说，只说……等我发财，会分钱给他们。”

“阿根伯确实什么都没说，是我猜出来的，毕竟你这点小把戏还瞒不过我！阿根伯，这人是骗子！”明雪正气凛然地说。

阿根伯似乎十分敬畏蓝袍老人，连忙驳斥：“明雪，你别乱说话！这位道长修得一种高超法术。”

“能把铜币变银币，对不对？”明雪插嘴道。

闻言，明安掏出阿根伯给他的银币仔细观看，心想：“这枚银币真的是由铜币变的吗？”

阿根伯吃惊地说：“我又没讲，你怎么知道？何况不只如此，他还能把……”

“把银币变金币，就像这样，对不对？”明雪晃晃手上黄澄澄的金币。

阿根伯更摸不着头绪了：“这不是我送你的银币吗？你年纪这么小，也懂得高深法术吗？”

明雪笑着回应：“对呀，这门法术叫‘化学’，但是，我不会用来骗人。”

这时，沉默已久的蓝袍老人突然抓着帆布袋，迅速闪过明雪，钻进对面的巷子。明雪和明安赶紧追过去，却见巷子的另一头走出两名警察，他们二话不说，立刻架回蓝袍老人。

“小姐，你报案时指称的骗子就是他吗？白发白胡须，又穿着蓝色长袍——我想，应该错不了。”一名警察沉声询问明雪。

明雪点头称是，阿根伯却被弄糊涂了，不断追问到底怎么回事。

明雪好心说明：“阿根伯，铜币就是铜币，不会变银币啦！早上我们向你打招呼，你都不回答，我就觉得很奇怪。”

“唉，他说施法术前，绝不能透露细节，所以我都不敢跟别人说话。”阿根伯不好意思地挠挠头。

明雪无奈地叹了口气：“你被骗了！他怕别人拆穿他的把戏，所以禁止你泄露秘密。我们下山时正巧经过你家后院，闻到一股呛鼻的味道，又看见他在搅动陶锅，我猜想他在进行某种化学实验。”

“不是啦，他是在施法！他先在锅中放水，连同两种药材一起熬煮，等到水快开时，再丢几枚铜币进去。大约几分钟，铜币就变银币了！”阿根伯窃窃私语，生怕这个天大的致富方法泄露出去。

明雪知道阿根伯还是不相信自己被骗，就一一拆穿骗术："那些药材中，有强碱性的氢氧化钠和锌粉。锌是两性金属，与强碱反应后会产生氢气与锌酸钠；而氢气带动杂质上来，所以有呛鼻的气味。"

"你在说什么？我都听不懂。"阿根伯被化学名词搞得头昏脑涨。

明雪也不想费口舌解释，只说："总之，铜币变银币是骗术，只是锌镀在铜币上后呈银白色，让人误以为是银币。我们在陶瓷老街相遇时，你给我们两枚银币，又说快要发大财，我才推测你可能被骗了，而且帆布袋装的肯定是钱。如果你还是不相信，我可以实验给你看。"

说完，她接过明安手中的银色钱币，把众人带进外婆家的厨房——当然，两名警察也把蓝袍老人押进屋里。

明雪再度点燃炉火，用镊子夹住银色钱币放在火焰中，并不时移动，使得钱币表面均匀受热。不到一分钟，银白色钱币就变成了金黄色，明雪便把钱币丢入水杯中冷却，再取出交给阿根伯："阿根伯，这就是你要的金币。"

阿根伯看着金币，说："这个可恶的骗子竟然跟我说，他需要更贵的药材施行银币变金币的法术，所以我才把银行里的存款全部提出来。原来只要用火烤，银币就会变金币，那我要回家自己烧制金币了。”

闻言，明雪赶紧拉住他的手，把金币拿回来：“阿根伯，你别急着走，我再表演另一个法术给你看。”

她再度把金币放到火焰里烤，接着取出冷却，没想到，金币又变回铜币了！

阿根伯急得直跳脚：“你这孩子怎么这么笨？把值钱的金币变成不值钱的铜币，这种法术谁要学？”

明雪笑着解释：“阿根伯，从头到尾都没有金币。刚才镀锌的铜币被火一烧，锌与表面的铜混合，形成金黄色的黄铜，让你误以为是金币。如果继续用火烧，锌与内部的铜会再度混合，因为铜的比例提高，钱币便恢复为原来的颜色——这一切都是骗术。”

至此，阿根伯终于相信自己被骗了，气愤难平地指责蓝袍老人没良心。

待阿根伯的情绪稍微平复，警察叮咛他别再轻易上当，就将戴上手铐的骗子押走。

阿根伯非常感激两姐弟，不好意思地说："感谢你们救回我的钱，我要怎么酬谢你们呢？"

明安玩心大起："阿根伯，你把手上那堆银白色钱币送给我，好不好？"

"反正是假的，就送给你玩吧！"阿根伯把所有假银币交给明安后，便回家了。

明安兴冲冲地向姐姐请教加热钱币的方法，把一枚枚银白钱币烧成金黄色。正当他玩得开心时，外婆略带怒气的声音在他背后响起："明安，谁教你玩火的？"

明安吓了一跳，回头看见外婆板着面孔，就急忙奉上黄澄澄的金色钱币："外婆，我正在烧制金币，要送给您老人家！"

外婆扑哧一声笑了出来："小鬼，你连外婆也想骗？我刚才在门外碰到阿根，他把你们两人揭穿骗子的经过全告诉我了。你们真不简单，我中午炒几盘拿手好菜犒赏你们！"

明雪和明安高声欢呼！

科学小百科

在古代，拥有一身炼金术的好本领，是许多人终其一生的梦想。文中，明雪破解了铜币变金币的假象，如果大家有兴趣，可用一元硬币做实验——但是要记得，必须在家长或老师监督和绝对安全的情况下，才能进行哦！

首先，氢氧化钠水溶液（NaOH）和锌粉（Zn）加热反应后，会产生氢气（H_2），反应式如下：

$$2NaOH + Zn \rightarrow Na_2ZnO_2 + H_2\uparrow$$

因反应过程中会产生可燃性的氢气，所以最好不要用火加热，可用电磁炉加热，或直接以锌粉与硫酸锌水溶液混合加热，就不会产生氢气。

在溶液即将沸腾时，把干净的铜币投入，其表面就会镀上一层锌。此时，锌含量45%以上的锌铜合金让钱币呈银白色，宛如银币一样。若再把“银币”用火烤，表面的锌和铜会再度混合，形成黄铜（锌铜合金）。

由于币面呈现黄澄澄的金色，很容易让人误认为你有“点铜成金”的法术哦！

雨后春笋

这个寒假又湿又冷，从外婆家回来后，明雪和明安只能窝在家里。好不容易盼到天气放晴，开学的脚步也接近了，两人不禁抱怨："这个寒假还没玩够呢！之前回竹山爷爷家，遇上高速公路大塞车；费尽千辛万苦抵达竹山后，当地却湿漉漉的，害我们根本没玩到。"

妈妈也深有同感："是啊，雨下个不停，窗外也灰蒙蒙一片，没能欣赏到竹山美景。"

爸爸笑着说："这还不简单？春天到了，天气也放晴了，我们找个假期，再回竹山老家一趟吧！爷爷身体大不如前，多回去看看他老人家也是应该的。"

听到这个提议，大家都举双手赞成："那就利用下星期周末两天的时间，再回竹山一趟吧！"

※　　※　　※

出发当天，晴空万里，明雪和明安开心地想着："非把寒假损失的欢乐补回来不可！"下了竹山公路，又开了一段山路，他们才抵达爷爷家。

爸爸把车停在竹篱笆边，感慨地说："乡下就是有这个好处，可以把车子放在自家门口，不像在台北，我每天光是为了找停车位，就得花费好多时间。"

爷爷听到汽车的引擎声，走出庭院来迎接他们。因为时近中午，大家决定先享用奶奶做的番薯大餐，爸爸还开心回忆起吃番薯长大的经历。

吃完饭后，爸爸开口询问："你们想不想到后山竹林走走？"

大家异口同声赞成，兴致勃勃地准备出发，爷爷也说要陪他们一起去。他和奶奶拿起竹拐杖步出门外，接着锁上大门。

爸爸疑惑地问：“我们只是到后山走走，为什么还要锁门？我记得以前门从来不锁的。”

奶奶摇摇头：“以前是以前，现在是现在。最近治安变得很差，这两个星期，附近有好多人家都遭小偷。”

“那家里有被偷走什么吗？”爸爸紧张地问。

“我被偷走一件外套，阿慧婶被偷走一条棉被……”爷爷细细数着。

奶奶也补充说道：“家里是没什么贵重东西，但有时候煮好的饭菜也会被偷吃。”

“难道是小偷肚子饿了？”明安半开玩笑地说。

奶奶气愤难平：“有饿到这种地步吗？那个小偷连垃圾桶都翻得乱七八糟呢！”

大家边走边聊，经过菜园时，看到阿舜伯正挥动锄头，努力干活。

爸爸上前打招呼：“阿舜伯，天这么热，你怎么不戴斗笠？”

阿舜伯叹了一口气：“唉！还不是被哪个贼偷走了。”

“连斗笠也偷？是不是您忘了斗笠放在哪里啊？”爸爸好奇地问。

“这怎么可能？昨天下午下了一场雨，我戴着斗笠来种菜，回到家后，还把斗笠挂在墙上晾干，可是今天早上要出门前，就找不到斗笠了。斗笠虽然不是什么值钱的东西，但弄丢了也很不方便，还要到镇上买一顶……唉，若不赶快把这个贼抓起来，我们就无法安宁！”阿舜伯愤愤不平地抱怨。

妈妈在一旁帮忙出主意：“阿舜伯，您去派出所报案了吗？”

“没有，因为被偷的是小东西，我只好自认倒霉。”阿舜伯挥挥手。

明雪和明安很有默契地对看一眼，明雪悄声说道：“这种小案子交给我们就行了，反正度假兼办案是我们一贯的模式。”

“嗯，但我们先默默搜集线索，别让大人知道，到时候再将小偷一举抓获，让爷爷和奶奶知道我们的厉害！”明安顽皮地说，明雪也表示赞同。

一行人告别阿舜伯后，又走了一段山路，才抵达竹林。阵阵凉风吹来，爸爸深吸一口气，怀念地说：“就是这个味道！记得我小时候，你爷爷忙着挖竹笋、奶奶忙着编竹篮，每段记忆都和竹子有关，真是美好！”

眼尖的明安突然发现嫩绿鲜竹的顶端，高挂着一顶斗笠，因此兴奋地大喊：“大家看，那里有一顶斗笠！”

爷爷觉得斗笠有点眼熟，猜测可能是老邻居的，于是吩咐明雪爸爸：“义志，你把它拿下来。”

因为斗笠挂在很高的地方，所以爸爸必须跳起来才能取下斗笠。爷爷接过斗笠反复端详后，喃喃自语：“应该是阿舜的没错，但怎么会出现在这里呢？”

爸爸仔细推敲：“大概是小偷拿走斗笠后，走到这里发现雨停了，就顺手把斗笠挂在竹子上。”

明安把姐姐拉到一旁，小声说：“太好了，线索显示，小偷是个高个子。”

“你怎么知道？”明雪反问。

“连爸爸都要跳起来才能拿到斗笠，可见小偷一定很高。”明安语气肯定。

明雪点点头，觉得弟弟说的话不无道理。

回程经过菜园时，阿舜伯证实那顶斗笠正是他的。听完爷爷说明发现斗笠的过程，他不禁破口大骂：“这个贼真可恶！他也不是那么需要这些东西，还非得偷走，几天后还把它们丢掉！”

爷爷跟着附和：“对呀，像我被偷的那件外套，就是在山沟边找到的，可惜已经弄脏了，只好忍痛丢掉。”

待他们走进庭院，奶奶立刻发现垃圾桶又被翻得乱七八糟：“可恶！这个贼要到什么时候才肯罢休？”

待大人进屋之后，明雪和明安蹲在庭院里，仔细观察垃圾桶的四周。他们发现有些食物残渣被翻出来，而且从一路洒落的碎屑及水痕，可看出小偷是钻过篱笆的破洞后潜逃的。

“太不可思议了，个子这么高的人竟能穿过篱笆的破洞！这个小偷到底有多瘦啊？”明安惊讶地说。

这时，奶奶拿着扫把准备清理碎屑，看见两人蹲在庭院窃窃私语，便把他们赶进屋里。

踏入客厅后，明雪鼓起勇气问爷爷：“爷爷，您知道附近有个子很高又很瘦的人吗？”

爷爷困惑地问：“多高？多瘦？”

“个子比爸爸高，腰只有这么细。”明安用手比出篱笆破洞的大小。

爷爷忍不住笑了出来：“哈哈！怎么可能？腰如果真的这么细，岂不是要断掉了？”

从刚才开始，这对姐弟的行迹就有点神秘，因此引起妈妈的怀疑：“你们俩到底想做什么，直接说出来，爷爷才能帮你们呀！”

明雪这才说出俩人的意图：“我们想帮忙抓小偷啊！从庭院里散落的垃圾来看，小偷翻出厨房的垃圾后是钻过竹篱笆的破洞离开的，可见他的腰非常细。另外，阿舜伯的斗笠被挂在竹子顶端，爸爸要跳着才能拿得到，可见小偷非常高……”

爷爷忍不住打断她：“不对，那是刚长出来的嫩竹，加上昨天下过雨，只要一天就会长很高。所以小偷挂斗笠时，竹子没有那么高的！”

明安吃惊地问：“才一天而已，会差那么多吗？”

爸爸笑着点头，说：“我以前曾测量过的！下雨之后，竹子可以在一天之内，长高100厘米以上。”

“对呀，你们没听过‘雨后春笋’这句成语吗？”妈妈跟着附和。

扫完地的奶奶也加入行列：“这两个小孩在城市长大，怎么会知道竹子长得有多快？”

两名小侦探遭受空前挫折，讪讪地走出门外。明安懊恼地说：“好丢人啊！本来想在爷爷、奶奶面前表现一下，没想到这么丢脸。”

明雪拍拍他的肩膀：“没关系，我们要更加努力，抓到这个小偷！”

沉思片刻后，明雪又说：“我觉得应该仔细想想，为什么小偷要丢掉赃物呢？”

“嗯……显然他偷东西不是为了变卖，而是临时需要；等到不会再用到时，当然就丢掉了。因为天气暖和，所以丢掉外套；因为雨停了，所以丢掉斗笠。”明安说出自己的推论。

“那他需要什么？既然偷了饭菜、外套和棉被，就表示他又饿又冷。”明雪也根据小偷的举动做出推测。

两人循着这个模式推理，为小偷列出许多特点，最后，明雪归纳出结论：“他是个没有家的人，没得吃、没得穿，因此必须用偷的，加上最近这两个星期才发生窃案，所以小偷可能是外地来的人，这段时间就躲藏在附近。”

讨论告一段落后，姐弟俩硬着头皮走进屋里，问爷爷在哪里找到的那件失窃的外套。

“你们还不放弃啊！”虽然爷爷觉得两个孩子扮演起侦探来有点可笑，但还是画了一张附近山路的简单地图，说，“喏，就在这个地方。”

接着，两人又问到最近遭窃的邻居，并请爷爷标出他们家的位置，以及被偷的东西最后是在哪里出现的。姐弟俩发现，所有相关地点都在刚才走过的那条山路附近。

明安示意姐姐附耳过去：“我想，小偷一定藏匿在竹林附近。”

明雪也赞同这个推论，于是说要再出去走走。爸妈知道两人肯定是出门找线索，也未加阻止，只是一再提醒他们：“天黑前一定要回来，找到线索必须先报警，别跟坏人正面冲突。”

老人家不放心两个小孩自己上山，妈妈笑着安抚说：“没关系，他们在台北常协助警方办案，经验很丰富。”

闻言，爷爷和奶奶才不再有任何异议。

※ ※ ※

姐弟俩沿着山路往上走，并且观察哪里是藏身的好地点，结果发现远处山腰有一间小竹棚。经过阿舜伯的菜园时，两人开口询问竹棚的用途。

“哦，以前有人在山腰附近种菜，农具和肥料就放在竹棚里。现在年轻人都外出找工作，老年人又无力务农，所以那间棚子已经荒废好几年啦！”阿舜伯越说越感慨。

明雪和明安相视一笑，觉得那儿就是小偷的最佳藏匿地点。告别阿舜伯后，他们快速向小竹棚走去，不久，就来到竹棚外。明雪示意明安放轻脚步，他们慢慢靠近，果然看见棚子里面有食物残渣和一条棉被。

“这该不会是阿慧婶被偷的棉被吧？”明安小声问。

明雪把手指放到嘴边，用嘴形示意：“嘘！里面好像有人。”

明安探头仔细看，果然有个脏兮兮的少年躺在地上。他松了一口气，告诉身后的明雪：“他不是什么坏人啦，只是个小孩。”

明雪提醒弟弟：“不可轻举妄动，我们答应过爸妈，要先报警。”

两人躲进草丛里，用手机联络警方。大约二十分钟后，两名警察气喘吁吁地从山下赶来，姐弟俩往棚子里一指：“小偷就在那里。”

少年在睡梦中被警察叫醒，吓得浑身发抖，他不但浑身散发出一股臭味，身上也有多处伤痕。警方盘问他的姓名和住址，他只好据实以告："我的名字叫林煌豪，家住在鹿谷乡。"

一位警察惊呼出声："哦，原来是你！你的父母通报你失踪已经两星期了，原来是跑到我们这里躲着，难怪鹿谷乡的同事都找不到你。"

林煌豪挣扎着想逃脱，还惊慌地说："我不要回家，我不要回家，我……我爸爸会打我！"

另一位警察赶紧抓住他，并且试图安抚："你放心，我们会介入调查；如果真的有家暴事件，我们会交由社区人员安置，不会再让你受到伤害。你先告诉我们，你一个人在山上怎么度过这两星期的？"

过了一会儿，林煌豪才怯怯地说："因为白天怕人发现，我就躲在这个棚子里睡觉，晚上才去偷点东西吃，还有棉被和衣服。"

那位警察叹了一口气，无奈地说："虽然你的际遇令人同情，但偷东西仍属违法行为，至于刑罚轻重，就看法官怎么判决了。”

等到他们押着林煌豪下山，明雪和明安也急忙赶回爷爷家。接近爷爷家时，明安突然想到一件事：“姐，我还是觉得怪怪的，就算林煌豪是小孩子，也不可能从篱笆的破洞钻过去呀！”

明雪霎时停下脚步：“对啦……难道有两个小偷？”

这时，一道黑影从篱笆的破洞迅速蹿出，明安一个箭步上前，往黑影扑去——原来是一只小黑狗，嘴里还叼着一袋厨房垃圾！

在门外散步的爷爷，刚好见到明雪回来，笑着问道：“小侦探，有没有抓到小偷呀？”

闻言，走在姐姐身后的明安，高举着手上的小黑狗，骄傲地说：“有啊，我们还一次抓到两个呢！”

科学小百科

除了竹子，部分蔬菜也会在雨后迅速生长，这是因为部分雨水会形成穿过地表的渗透水，加上土壤胶体的养分浓度比雨水还高，所以会被解离出来，到达根的表面，被植物吸收利用。

另外，不同养分的移动速度有别，例如氮就比磷和钾快，非常容易被根部吸收，造成植物体内的氮含量较高。氮有利于植物生长，叶面会变绿、变大，自然就会形成部分蔬菜在下雨后长得比较快的现象。

海上惊魂

放暑假啦！由于这学期明雪和明安的成绩非常好，加上全家人已经很久不曾一起外出旅游，所以爸妈决定带他们坐邮轮度假。

他们选了四天三夜的香港邮轮之旅，从基隆港出发，除了两个白天在香港旅游，其余时间都在邮轮上度过。船上设备一应俱全，不但有自助餐、游泳池、按摩池及健身中心，晚上还可观赏表演。

星期天下午登船，明雪一家将行李放到房间后，就开始研究船上设施，计划这几天要如何玩得尽兴。

邮轮驶离港口，众人都在甲板欣赏海上风光。微风徐徐吹来，令人暑气全消，一群海鸥跟在船边飞行，好像要陪他们去旅行。

这时，明安看到一个熟悉的身影，兴奋地大喊：“李雄叔叔！”

全家人转头一看，这才发现警官李雄也在甲板上，神情严肃地盯着同船游客。

爸爸没想到会在这里遇到老友，立即上前打招呼：“这么巧？你也来度假。”

未料李雄伸出右手，制止爸爸说下去，低声解释：“对不起，我在执行公务，目前不方便暴露身份。”说完，他走到另一头，目光仍紧盯着某处。

明雪注意到那个角落有三位西装笔挺的游客，中间戴眼镜那人较矮，斑白头发梳理得很整齐，虽然面容略显苍老，仍是一位风度翩翩的中年绅士；旁边两人戴着墨镜，身材非常魁梧。

没过一会儿，明安吵着要体验在邮轮上游泳的新奇感受，但爸爸看了看手表，皱着眉说：“快吃晚餐了，还是明天早上再游吧！这座海水游泳池浮力很大，明天你们可以游个高兴。”

于是，他们就回房稍事休息，准备晚一点儿大快朵颐，好好犒赏自己。

※ ※ ※

船上餐厅非常豪华，四周尽是大片玻璃窗，可以直接观赏海景。邮轮公司不但准备了丰盛的欧式自助餐，餐桌更围绕着舞台摆放，上面有两位艺人正在表演，一人弹琴，另一人吟唱英文歌曲，洋溢着欢乐气氛。

这时，李雄端着装满食物的盘子，坐到爸爸身边。爸爸低声询问：“你不是还在值勤吗？”

“嗯，但现在邮轮开到公海，我的任务已经结束了，接下来算是赚到了一次假期。”李雄的神情明显比下午放松许多。

明安羡慕地说：“到豪华游轮上吃喝玩乐也算执行公务？李叔叔，你的工作真是太快乐了！”

闻言，妈妈轻拍他的头：“别胡说，李叔叔的任务说不定很艰巨，你不知道细节就别乱猜。”

这时全场响起热烈掌声，原来是船长走上舞台，向旅客致欢迎词，并报告未来行程。突然，一名员工冲进餐厅，慌张大喊：“报告船长，有人落水了！”

旅客们议论纷纷，船长则忙着安抚大家：“各位贵宾不要惊慌，本船船员均受过充分训练，将立即展开抢救行动，也请大家不要到甲板上，以免妨碍救援。”接着，他要求大副清查旅客名单，找出落水人员的身份，并到甲板上亲自坐镇，指挥救援行动。

船长命令一出，餐厅大门立即关闭，不准游客离开，船员也逐一清点旅客名单。

李雄忽然站起身来，望了远处一眼，明雪也依样画葫芦，跟着站起来看，发现那位中年绅士还在用餐，但身旁只剩一名大汉相陪。

“怎么少了一个人？”明雪正思索这个问题时，恰巧看见另一名西装大汉由下一层船舱走上来，进入餐厅。

见状，李雄坐了下来，发现明雪竟然跟着照做，惊讶地说：“明雪，你该不会已经猜出我的执勤内容了吧？”

明雪自信地点点头：“我想，李叔叔负责监视和保护那位中年绅士。”

李雄顿感佩服：“唉，我就知道瞒不过你。你们可别被那家伙的斯文外表骗了，他是香港人，名叫张凯育，私下勾结黑道贩卖毒品，赚了很多黑心钱。东窗事发后，他潜逃到台湾，最近因为缺钱花，便勒索当年一起贩毒的同伴，要他们提供援助，否则他就向警方供出内幕。”

“这个新闻我有印象，当时香港还闹得沸沸扬扬呢！”爸爸心有所感。

李雄点点头，接着说：“这次他混上这艘邮轮，就是要到香港收取勒索的钱财。据情报显示，贩毒集团担心万一张凯育遭到警方逮捕，会全盘供出内幕，因此也派遣杀手混上这艘船。台湾警方为了避免在本地海域发生命案，所以派我暗中保护张凯育的人身安全；他自己心里也有数，雇了两名保镖贴身保护。”

明安不屑地抱怨:“警方干吗要保护那种坏人?”

“没办法,我们不能让坏人自相残杀。我的任务是保护他到公海为止,接下来就由香港警方接手,但对方目前尚未现身,所以我也不知道是谁。”李雄全盘托出实情,让气氛顿时严肃起来。

爸爸苦笑道:“天哪!我还以为大家是来度假的,没想到各路人马各怀鬼胎。这下子,我真的游兴全无了。”

在他们交谈期间,餐厅忽然传来一阵骚动,原来是一名微胖男子与张凯育等人发生冲突。服务人员连忙上前制止,那名男子却突然掏出证件,表明身份:“我是来自香港的陈警官,正在盘查这三位先生的行踪,请你不要干扰办案。”

闻言,最后才走进餐厅的保镖大声抗议:“我只是到下一层船舱上厕所,你凭什么怀疑我?”

面对这般凶神恶煞,陈警官毫无惧色:“我强烈怀疑你们和另一名乘客落水的事件有关,因此要扣押你们。”

“就凭你?”那名保镖先是冷笑,接着猛然挥拳,攻势凌厉。陈警官虽然微胖，身手倒是挺灵活的，先是侧身闪过，然后顺势一扯把对方摞倒在地，还利落地给他铐上手铐。

另一名保镖由后方突袭，朝陈警官的后脑勺挥拳，说时迟、那时快，人群中蹿出一道黑影，右手挡住攻击，左拳痛击对方，让他痛得躺在地上哀号。

陈警官惊讶地回头，只见李雄掏出证件，笑着表示："台湾警方协助办案。"

此时，船长正好从甲板返回餐厅，大声质问现场为何打架，待两位警官表明身份，他才回报落水乘客不幸溺亡，并请求协助。

陈警官明快地下了决定："这人叫张凯育，是通缉要犯，他的保镖也涉嫌谋杀。你先把他们分别关进房间，再派遣船员站岗，直到船只入港，由警方接管一切为止。"

张凯育不愧是老狐狸，即使面对警方的指控，神情依旧冷静："谋杀？这艘船上哪有人被谋杀？"

李雄正想说些什么，大副刚好向船长报告，落水男子为香港籍的吴钰宇。

陈警官盯着张凯育的眼睛，缓缓说道：“吴钰宇是香港帮派分子，这次上船就是要刺杀你，没想到却落水身亡……你敢说这件事和你没关系？”

张凯育露出一声冷笑：“哼！船员发现有人落水时，我好端端地坐在餐厅里，有这么多人作证，我可不怕你诬赖。”

“但你的一名保镖却没陪在身边，直到船员报告落海事件后，他才从下一层船舱上来。我观察过了，若要从下面的栏杆把人扔下海，还挺方便的。”陈警官丝毫没有动摇，坚定地说。

张凯育的神情略显激动：“这全是你的想象，根本不能当证据！”

话虽如此，但在船长的协助下，张凯育三人还是被“请”进房间里，接受严格监控。另一方面，为了避免证据被破坏殆尽，陈警官也加快办案的脚步，请船医立即进行解剖，以了解吴钰宇的死因。

※　　※　　※

医务室里，原先的病床已变成了解剖床，摆放着死者吴钰宇。女船医皱起眉头，困扰地说："我可是小儿科医师，平常顶多处理小朋友受伤或游客感冒之类的毛病，从没想过要进行解剖啊！"

"现在是紧急状况，就请你勉为其难，提供专业意见给两位警官参考吧！"船长耐心安抚她的情绪，希望案情尽快水落石出，给全体乘客一个交代。

当女船医无奈地划下第一刀，船长便默默退出医务室，让她安心工作。外面，李雄和陈警官正忙着讨论案情，明雪和明安征得两人同意后，在一旁静静聆听。

不久，船医步出医务室，提出解剖报告："由肺部积水且肺部大动脉有溶血反应来看，此人确实死于溺水。"

"果真是溺水？他不是被殴打致死后才弃尸海里的？"陈警官喃喃自语。

明雪看了他一眼，好奇地问："请问什么是溶血反应啊？”

“就是水渗入红细胞后，把红细胞涨破。”女船医简短说明。

明雪低头沉思数分钟后，才抬起头说：“陈警官，你的推测没错，这是一件谋杀案，而且命案现场可能就在邮轮的按摩池。若警方仔细搜索，或许可以找到证据。”

“啊？”陈警官被明雪突然冒出的推论吓了一跳，刹那反应不过来。

李雄笑着解释：“这是我们台湾的美少女侦探，姑且听听她的推理吧！”

“发生溶血反应表示吴钰宇是在淡水中溺水。淡水进入肺部后，因为浓度比红细胞内的溶液低，所以会渗入红细胞，直到把红细胞涨破；若是在海中溺水，因为海水浓度比红细胞内的溶液高，就不会出现溶血反应。吴钰宇明明掉进海中，却是在淡水里溺亡，即可确认这是一件谋杀案。”明雪有条不紊地说明，直到众人都点头表示了解，她才继续解释。

“如果要使人溺水，需要不少水量。今天下午登船后，我研究过整艘船的平面图及设施，发现除了饮用水之外，另一个储存大量淡水的地方就是按摩池。”

说到这里，陈警官和船医都对她投以赞赏的眼神，李雄跟明安则露出与有荣焉的笑容。

※ ※ ※

隔天一早，警方封锁按摩池进行搜证，明雪姐弟则在海水游泳池玩得不亦乐乎。

正喝着饮料的明安提出疑问：“姐，你怎么知道溶血反应和是否在淡水里溺水有关系？”

“你忘了我们寒假在外婆家菜园发生的事吗？”明雪嘴角含笑，看了弟弟一眼。

明安努力回忆，终于想起自己赤脚在菜园嬉戏，不幸被吸血水蛭叮上。当时外婆一把抓下水蛭，还吩咐明雪将盐撒在水蛭身上；只见水蛭不断冒出水来，身体也愈来愈小，最后只剩下一团湿湿的痕迹。

“想起来了吧？老师曾教过我们这个原理——把食盐撒在水蛭身上后，它体内的水就会渗出细胞外以稀释食盐，水蛭身体因此逐渐缩小，最后脱水而死。未掺防腐剂的蜜饯和腌肉就算不放冰箱，也不会腐败，即是基于相同的原理。因为蜜饯内含有大量的糖分，腌肉则有大量食盐，若细菌沾染到这些食物，会立刻脱水而死，所以腌渍食物不易腐败。”明雪详细解释。

闻言，明安弹指大喊：“我懂了！昨天船医提到吴钰宇肺部有溶血反应时，你立刻联想到把盐撒在水蛭身上，它体内的水会往外渗的道理；反过来说，如果红细胞泡在淡水中，淡水就会渗进红细胞，对不对？”

明雪笑着补充：“没错！总之，液体由淡的地方移向浓的地方，这叫作渗透作用。”

这时，陈警官带来好消息：“明雪，由于你的协助，我们在按摩池畔找到了打斗痕迹，也取得不少证物。张凯育等人已松口认罪，要求减刑。案情大致是，张凯育发现吴钰宇的踪影，就约他到按摩池谈判，但因为李雄警官严密监视，张凯育无法脱身，便指示保镖出面，到按摩池杀人灭口，并将死者藏匿起来。等到晚餐时刻，众人聚集在餐厅之际，才由其中一名保镖把死者扔进海里。”

明安点点头，接着好奇地问：“奇怪，李叔叔怎么没跟您一起来呢？”

陈警官笑着回答：“邮轮已进入香港海域，张凯育也被囚禁起来，李警官圆满完成任务，正和你们的爸爸在篮球场一决高下呢！”

“他们两位老同学又要比高下了，真是受不了！”明雪姐弟俩人小鬼大地摇头叹气，陈警官忍俊不禁，放声大笑。

科学小百科

如文中所述，水通过细胞膜扩散的现象，称为“渗透作用”。除了把红细胞放入淡水中，红细胞会因为淡水渗入而破裂之外，植物根部的细胞亦可借由渗透作用，从土壤中汲取水分。不过，因为植物根部细胞外是具有孔隙的细胞壁，其主要成分是韧性十足的纤维素，所以能防止细胞过度膨胀，又可让大部分物质通过。

另一个类似的原理是扩散作用，意指在同一温度下，分子由浓度较高处往低处运动。例如呼吸时，氧气进入肺部动脉，二氧化碳由静脉进入肺部，都是靠扩散作用。

失踪的女孩

明雪和班上几位同学趁着假日相约出游，目的地是新北碧潭。他们早上先在碧潭划船，中午在潭边的小吃摊吃过午餐后，惠宁提议到对岸的寺庙走走。

“我小时候常跟爸妈到那座庙参拜，庙里香火鼎盛，从前方的小花园往外眺望，风景十分美丽，我们何不到那里走走？”

众人一听深感同意，于是就由惠宁带头，走过吊桥，穿越人口稠密的小区，转进狭窄的柏油路。这儿一侧是山壁，另一侧是稻田，窄得只容一辆车单向通过，幸好路上没有车和其他行人，只有他们这群学生，边走边聊，倒也十分开心。

可是，明雪不禁担心起来："惠宁，一路走来，行人愈来愈少，现在只剩我们，你确定没走错路吗？"

惠宁笑着回答："哎呀，你放心啦！我小时候常走这条路，虽然已经很多年没来了，但这里就只有这么一条柏油路，不会走错的！"

大家又走了四十分钟后，已经有同学喊着脚酸，不停问惠宁还有多远。

这时，全班最娇弱的雅薇突然表示自己吃不消，不想再走了，她说："我走不动了，前面刚好有座凉亭，我就坐在那边等你们好了。"

明雪看看四周，觉得不妥："我觉得大伙还是在一起比较安全，你一个女生落单不太好。"

"没关系，这段路除了我们之外，就没有其他人，不会有危险的。反正照惠宁说的，离庙宇只剩十分钟的路程，你们来回也不过二十分钟，不用担心啦！"雅薇边说边揉着酸疼的双腿。

奇铮见明雪仍有些犹疑，便自告奋勇地说：“我留下来陪雅薇好了。”

大伙也觉得留个男生陪她比较放心，但雅薇坚持不肯，她从口袋拿出口琴：“你们去吧！我在这里吹口琴等你们。只需吹奏几首歌的时间，你们就回来了。”

说完，雅薇就径自吹奏起来，大家看她如此坚持，只好继续前行。

这次惠宁果然没骗人，他们大约走了十分钟，便看到斜坡上的寺庙。走上阶梯，一座佛塔映入眼帘，供奉神像的正殿就在塔边，但里头冷冷清清，看不出曾经香火鼎盛的景况，只有一位老尼姑正在打扫。

惠宁摇摇头，感慨地说：“想不到几年没来，这里竟然没落成这样！”

众人却丝毫不在意，催促着她：“反正我们是来看风景的，管他是不是没落呢。惠宁，接下来要怎么走？”

惠宁带他们穿过正殿，走到一座小花园，说：“从前面向栏杆向下望，可看见一条山溪流过，碧潭的水就是从这儿来的。隔着溪，还能看到对面的山，风景很美。”

大伙照她的指示，走到栏杆旁往下望，果然有一条美丽的小溪，不过对面的山就不怎么美丽了，因为有几台挖土机正在工作，山上一片黄土，旁边还立着卖房子的广告。

惠宁叹口气道：“唉！再过不久，这座山就会变成有钱人的别墅区吧！”

明雪先是点点头，然后提醒大家：“我们还是快回去吧！留雅薇一人在凉亭里，我实在是不放心。”

大伙不敢耽搁，立刻往回走，又花了十分钟才回到凉亭，却遍寻不着雅薇的踪影。

“莫非她等得不耐烦，先走回吊桥了？”

“不知道！对了，她带手机了吗？”

“没有，她爸妈说要等她考上大学，才买手机给她。”

众人议论纷纷，明雪心里也有不祥的预感，因此提议：“惠宁，你先带其他人走回吊桥，我在这里再等一会儿，只要发现雅薇，就打手机通知你们。”

“明雪，那我留下来陪你。”奇铮坚持不能再让女生落单了。

大家离开后，明雪请他退出凉亭外，自己则蹲在地上，想找出任何可解开雅薇失踪谜团的蛛丝马迹。不久，她发现地上有几道红色痕迹，因为和尘土混在一起，不注意的话，很容易被忽略。

“莫非是血迹？”明雪如此猜测，但就算是血迹，也可能是很久以前留下来的，毕竟任何人和动物都能自由进出这里。

这时，一辆白色汽车从吊桥那儿疾驶而来，往寺庙方向开去。由于刚才一路走来，没有其他人车，明雪不禁多看了它一眼，不过车窗上贴着深色隔热纸，什么都看不见。

又过了几十分钟，正当明雪和奇铮坐立不安时，手机终于响了。

“明雪，出事了！我们在吊桥这边也找不到雅薇。”惠宁焦急地说。

明雪沉重地闭上眼睛：“唉，那就赶快报案吧！对了，你们刚才在路上，有没有与一辆白色轿车擦身而过？”

“有啊！你怎么知道？路那么窄，我们都要靠边站，车子才过得去。”惠宁不禁抱怨。

模糊的想法一闪而过，明雪因此交代惠宁：“这样好了，报案的电话我来打，你们在那边查访一下，看看有谁在今天下午见到那辆车，以及车主做了些什么事。它的车牌号我记下来了，是XZ……”

※　※　※

刑警李雄和鉴识专家张倩很快就赶到现场，明雪描述了事发经过，也指出地上的红色痕迹。

张倩拿出棉花棒抹了一下，再喷上鲁米诺（一种验血剂，常用来检测血迹），待棉花棒发出淡光，她证实明雪的猜测：“这的确是血迹没错，但究竟是新或旧，必须送回实验室做PGM分析才知道。血液里的PGM最久可保持二十个月，若血迹内没有PGM，代表这可能是二十个月前所留下，与本案无关；若检验出PGM，则表示是新近的血迹。”

闻言，明雪皱着眉头，担心起好友安危：“什么是PGM？检验时间会不会很久？这样就来不及救雅薇了！”

张倩连忙安抚她：“PGM是一种酵素，中文学名叫‘磷酸葡萄糖变位酶’，无论是血液或牙髓里都可发现它的存在，因此在法医学上可作为重要证物，而且只要有齐全设备，大约九十分钟内就能完成分析。我现在马上采样，再请警员送回实验室，不久就会知道结果。”

说完，她又用棉花棒沾染血迹，然后装进塑料袋密封；李雄则趁着这个空当，询问奇铮是否见过可疑人物在附近出没。

奇铮飞快地摇摇头：“沿途除了我们，没有其他行人及车辆，只有一辆白色轿车经过。不过，那辆车是在我们发现雅薇失踪后，才从吊桥那边开来，应该与这件事无关。”

李雄想了一下，说：“我刚才打电话询问过本地警察，沿着这条路往山区走，过了寺庙后，就是一座只有十几户农家的小村子，因此这条路平常只有游客和村民进出。不过，今天除了你们，尚未有其他游客前往，如果那辆车一直没开出来，代表车主应该是本地居民，说不定曾与雅薇或歹徒擦身而过，问问也无妨。”

在请警员将张倩采集的证物送回实验室化验，并安排奇铮搭警车到吊桥与同学会合后，李雄便载着张倩和明雪查探山区里的村落。明雪一眼就发现其中一间农舍门口停着那辆白色轿车，一名卷发微胖的中年男子正抓着水管冲洗车子，急得她放声大叫：“就是这辆车！李雄叔叔，快，快阻止他洗车！”

李雄疑惑地说：“明雪，从他出现在凉亭的时间看来，他顶多是目击证人，不太可能是歹徒呀！”

明雪连忙摇摇头：“不，李叔叔，我刚才仔细想了一遍，发现还有一种可能——歹徒若是村民，必定是从村子往吊桥开，当他攻击落单的雅薇后，肯定会急着回家毁灭证据，但因为道路过于狭窄，只能先到吊桥边的小区掉头，再开回村子，没想到却被我们撞见。由此来看，他并非完全没有嫌疑。”

李雄觉得她所说的不无道理，因此立刻跳下警车，表明身份，要求男子出示证件。

对方见到来者是警察，略显惊慌，但随后就镇定下来，抗议自己并无犯法，不愿交出证件。

因为缺乏证据，李雄只能客气地说：“附近有一位高中女生失踪了，警方动员挨家挨户寻找，请大家配合办案。”

那名男子悻悻然地点头，心有不甘地出示身份证。正当李雄以警用计算机调查这位叫陈柏翔的男子是否有前科时，张倩也提着工具箱走到白色车辆旁，向车主表明要采集证据。

陈柏翔突然变得紧张起来，大声呵斥：“你……你又没有搜查令，不能搜证！”

看他反应过度，张倩心中提高警戒，故意说道：“若有必要，我可以向检察官申请搜查令，到时恐怕不只是车子，就连房子也会列入搜查范围。”

陈柏翔最后还是退到一旁，让张倩执行公务。张倩戴上手套，打开车门和后备厢，里里外外全看了一次，发现陈柏翔不但冲洗了车子，连脚踏垫和后备厢的布垫也拿出来刷洗、晾干，采到物证痕迹的可能性大幅降低。

明雪也注意到这点，她沉思片刻，低声提出看法："雅薇和我们分手时正在吹口琴，但凉亭里却遍寻不着口琴。假设雅薇是被歹徒打昏后带走，对方显然连口琴也一并拿走了。试想，若你把一个昏迷的人抱上车，再回头捡拾掉落的口琴，你会把口琴放在哪里？"

"嗯……不是副驾驶座前的置物架，就是门边的置物架。"张倩想象明雪描述的情境，推敲出这个答案。

明雪点了点头说："我也这么想。"

不过，别说口琴了，张倩发现前边和门边的置物架都空无一物，失望之余不禁质疑这辆车上竟然没有放置任何物品，这太不寻常了吧！

觉得事情不对劲的她，拿出螺丝起子，拆开门边的置物箱，终于在左后方车门找到红色痕迹。陈柏翔见状，脸色一变，一句辩解的话都说不出来。

此时，明雪的手机响了，电话一接通，惠宁着急的声音从那头传来：“明雪，我们刚才继续在吊桥附近询问，结果很多人都说看到那辆白色轿车今天下午开到文具店购物后，就掉头返回山区，文具店老板也证实车主买了一条跳绳。”

明雪挂断电话后，立刻大声质问陈柏翔：“文具店老板说你在那里买了一条跳绳，该不是用来捆绑雅薇的吧？”

陈柏翔一听，知道事迹败露，拔腿就跑。不过李雄很快便追上去，将他扑倒，并戴上手铐。

明雪冲进陈家要救雅薇，但屋内空无一人，让她更加焦急。随后进入的张倩发现门边有双皮鞋，脑中闪过凉亭血迹的画面，因此着手采集鞋底的痕迹，连同刚才车上的红色痕迹，做了初步化验，证实都有血迹反应。

这时，实验室已将凉亭血迹的检验结果传到她的手机，证实其为新近留下的血迹，张倩立刻指示同事前往雅薇家取得DNA样本，做进一步确认。

押着陈柏翔进到屋里的李雄，则试图突破他的心理防线："所有关键证物都被我们警方掌握，破案只是时间问题。你最好赶快供出被害者藏在哪里，否则我会请法官从重量刑！"

陈柏翔见大势已去，只好坦白招供："从我家后门走过去，有一间废弃的屋子，你们要找的人就在里面。我没有要伤害她的意思，只是因为缺钱，又看她一个人落单，就想到绑架勒索。"

明雪和张倩火速往屋后跑，果然发现一间屋子。两人冲进去一看，里头黑漆漆的，但仍可看见雅薇被跳绳捆绑，跌坐在地。张倩检查她的伤势，发现额头流了很多血，便以手机呼叫救护车，明雪则忙着解开绳子。

待重获自由，雅薇"哇"的一声哭了出来，并紧紧抱住明雪，叙述事情的经过："我……我在凉亭等你们，结果一辆白色的车经过，里面突然冲出一个人，他不但动手抓我，还抢走口琴，用口琴打我的头。"

明雪拍拍她的背："不要怕，坏人已经被警察抓起来了。"

"那……那支口琴是爸爸送我的生日礼物。"雅薇边哭边心疼地说。

"别担心，我在屋里找到这支口琴。多亏它，我们才能在车门的置物架发现血迹，等我们采样完毕，就会还给你。"张倩扬扬手中装着染血口琴的塑料袋，安慰着她说。

雅薇扬起一抹微笑，虚弱地点点头，接着安心地闭眼休息。

科学小百科

所谓PGM分析，意指运用电泳现象检测血液中的PGM酵素，以判断血迹产生的时间。电泳则是带电颗粒在电场作用下，朝向与其电性相反的电极移动。

人类早在1808年就发现电泳现象，但把它当作分离方法，却是1937年瑞典科学家蒂西利斯（Tiselius）发明了世界上第一台自由电泳仪，建立“移动界面电泳”。而这项成就，也让蒂西利斯在1948年获得诺贝尔化学奖，因为他成功地将血清蛋白质分成白蛋白、α1-、α2-、β-和γ-球蛋白五个主要成分，为人类了解血清奠定了基础。

蝴蝶夫人

今年暑假，明雪和惠宁一起报名参加三天两夜的生态夏令营，地点在垦丁。学生住在离垦丁大街不远的一家大饭店，通常早上就在饭店的会议室上课，下午则搭游览车到山巅海角观察生态。

昨天是第一天过夜，吃完晚餐后的自由活动时间，是全体学员最快乐的时光。明雪趁天色尚未变暗前，先到饭店后面的树林散步；等天色暗了，垦丁大街也热闹起来，再和惠宁一起逛街。

今天是第二天，上午课程是由一位年轻女老师讲授的“蝴蝶行为研究”。她叫林茵，刚拿到生物学硕士学位。林茵老师非常年轻，很容易和学生打成一片，全班同学都聚精会神地专心听讲。

林茵带来的笔记本电脑里，存放着很多自己拍摄的蝴蝶照片，她一一投在银幕上给同学们欣赏。她解释道：“雄蝶一生可以交配很多次，但雌蝶通常只有一次，最多只有数次机会，所以雌蝶要慎选交配对象，才能生育优良的下一代。至于雌蝶要怎么挑选雄蝶，就是我的研究主题哦！”

说着，林茵拿出一台相机：“这是普通的相机，但加上紫外滤片后，就会有‘特异功能’！”

明雪瞪大眼，盯着林茵手上的黑色滤片，有种似曾相识的感觉。

惠宁抢先发问：“老师，你手里的塑料片是黑色的，要怎么透光呢？”

林茵笑着回答：“紫外光本来就看不见呀！人类看得见的光线叫可见光，用三棱镜能把可见光大约分成红、橙、黄、绿、蓝、靛、紫等颜色；可是在紫色光之外，还有一种人类肉眼看不到的电磁波，称为紫外线。这种电磁波能量很强，可以穿透黑色滤片。”

“既然看不见，拍出来的照片不就黑漆漆的，那有什么用呢？”同学们七嘴八舌地讨论。

老师将紫外滤片装在镜头前，耐心解释：“我们虽然看不到紫外光，但这种光线透过滤片打在底片上，却会引发底片上的溴化银感光，等冲洗出来，就看得到物体反射紫外光的影像了。”

“老师，可以借我看一看吗？”活泼的惠宁伸手向老师借相机。

和蔼的林茵随手递给她：“小心别摔坏。”

同学们还是不懂，议论纷纷：“这么麻烦做什么？照片会比较漂亮吗？”

这时，惠宁把镜头对准老师，迅速按下快门，教室里响起咔嚓声。

林茵不予理会，继续响应同学的疑问：“不，因为只有感光与不感光两种结果，所以冲洗出来的照片只有黑白两色。”

“那……为什么要加装这种滤片？”惠宁好奇追问。

林茵回到讲桌前，按下电脑键盘，银幕上立即秀出照片：“这是我用相机拍摄的荷氏黄蝶，左边是雄蝶，右边是雌蝶，你们看得出这两只蝴蝶有什么不同吗？”

照片里的两只黄色小蝴蝶，翅膀边缘都有黑色图案，全班同学睁大了眼，开始讨论起来：“嗯……大小有点不同，翅膀的图案也有点不一样……可是，不会相差很多，很难区别雌雄吧！”

林茵切换到下一张照片：“这是我在镜头前加上紫外滤片拍摄的结果，叫作紫外反射摄影。现在你们再比较一下，雄、雌蝶有什么不同？”

银幕上的雌蝶翅膀变成黑色，雄蝶翅膀虽然也变暗一些，但和雌蝶相比却明亮得多，很容易就能分辨。

明雪恍然大悟：“蝴蝶就是用这一点区别雄性与雌性吗？”

“应该是，因为蝴蝶可以看到紫外线，所以雌蝶能看出雄蝶翅膀反射的紫外线，绝对不会搞错。不过每种蝴蝶都不太相同，无法一概而论。”

林茵点出另一张照片，只见褐色蝴蝶的翅膀上有一长串白色圆点，说：“这是一种热带蝴蝶，翅膀上最大的白色斑点很像眼睛，早先科学家都以为白色眼斑愈大的雄蝶，愈容易与雌蝶交配成功。可是用紫外反射摄影研究发现，白色眼斑中有个空心圆圈会反射紫外线，雄蝶看到雌蝶时振动翅膀，一方面散发费洛蒙，一方面刺激雌蝶的视觉——在她看来，雄蝶振动翅膀时，反射紫外线的白圆圈会一明一暗，就像打闪光灯。”

“真有趣！”学生们对于自然界不可思议的巧妙安排，都不禁赞叹。

林茵再次强调：“在科学研究上，这种紫外反射摄影有很多用途。今天下午到野外赏蝶时，我要你们用这台加装紫外滤片镜头的相机拍摄，然后比较看看和肉眼所见有何不同。”

下课时间到了，惠宁打算把相机交还老师，没想到有人大喊：“林老师，外面有人找你。”

只见一位高大挺拔的男士站在会议室门口，林茵笑着说：“那是我的未婚夫蔡家廷，我要他等我上完课，今晚再接我回台北，没想到他那么早抵达。那……我陪他去外面吃饭，各位同学，我们下午课堂上见喽！”

调皮的惠宁笑着发问：“老师，他追你时有打闪光灯吗？”

林茵轻拍惠宁的头：“小鬼，别胡说。相机你先保管，我们下午要到社顶公园赏蝶，记得带着相机。”说完，她就跟蔡先生走了。

※　※　※

学员们吃过饭店提供的午餐，稍事休息，就到饭店后方的停车场，坐在游览车上等林茵老师。

她大约迟到二十分钟，才慌慌张张地跑来。见她只身一人，同学们起哄：“准师丈不跟我们一起赏蝶吗？”

林茵脸上一阵青、一阵白，过了一会儿才支支吾吾地说:“他……他临时有事，先赶回……台北了。”

车子很快就抵达社顶公园，同学们兴高采烈地拉着老师，要求她讲解；但林茵有点心神不宁，不像早上讲课时那样精彩，大家窃窃私语，认为老师一定是因为准师丈没有按照约定接她回台北，所以心情不好，同学们只好自己找乐趣，边赏蝶边拿着那台相机拼命拍照。

观赏完毕，游览车载着大家回饭店。在车上，林茵取出底片交给惠宁:“我急着回台北，所以要带走相机。这卷底片是你们拍的，惠宁，你负责拿去冲洗吧！”

惠宁很兴奋，一下车就急着往垦丁大街冲，还交代明雪:“我想先到照相馆冲印，应该来得及赶上饭店吃晚餐；万一来不及，就帮我留点菜。”

明雪问她:“你急什么？晚餐后我再跟你一起去。”

“我急着想看拍摄的结果嘛！”说完，她就一溜烟跑了。

明雪对于好友的急性子只能摇头。走进饭店大厅，她看到一名美艳娇小的女子和警察站在柜台前，与饭店经理交谈。

经理一看到林茵就对警察说：“你们要找的人就是她。”

林茵听到警察要找她，吓得魂不附体：“你们……有什么事？”

警察简单说明情况：“这位张小姐报案，她陪一位蔡先生来垦丁找你谈判。”

“谈判？”围观的学生都大感意外。

张小姐大声对林茵说：“家廷是来找你摊牌的，他想和你解除婚约，与我结婚，但他怕我们见面会起冲突，先带我到另一家饭店等，他独自来和你谈判。可是我等到下午三点还没见他回来，在这家饭店也找不到人，只好报警。说！你把他藏到哪儿去了？我们租来的车还停在这里，他不可能跑到别的地方。”

林茵这时已恢复镇定，冷静地说：“家廷跟我谈过后，还是觉得我比较好，已经搭客车先回台北了。他要我转告你，自己把汽车开回去还了。”

备感震撼的学生们议论纷纷：“准师丈竟然有了别的

女朋友，难怪老师下午心神不宁。”

警察觉得当众对质极为不妥，就询问林茵：“张小姐既然报案了，我们也不能不管，能否请你跟我们到派出所做笔录？”

林茵为避免尴尬，便同意和张小姐一起到派出所。

其他同学也渐渐散去，等着开饭，只有明雪坐在大厅思索这起突如其来的事件。这时，惠宁兴冲冲地跑进来：“明雪，你看，我拍到好多蝴蝶！”

思虑被打断的明雪，只得陪同惠宁欣赏那些照片，突然，她抓起其中一张，仔细端详后，一把抢过其他照片翻找，抽出另一张照片。

惠宁被她奇怪的举止弄糊涂了，迟疑地问：“你……怎么啦？”

明雪默不作声，仔细比对两张照片后，对惠宁说：“这两张照片借我一下，其他的你先拿去给大家看。”

说完，她就站起来往外走，边走边说：“我到派出所一趟，可能来不及回来吃晚饭，不必等我。”

惠宁压根儿不知道警察来过饭店，完全搞不清楚明雪在说什么，但明雪已经跑远了，她只能嘟嘴抱怨：“哼！每次都说我性子急，我看你的性子更急。”

来到垦丁派出所的明雪要求见林茵，值班警员说：“他们还在做笔录，稍等一下。”

明雪坚定地摇摇头：“我现在就要见她，免得她犯下更大错误。”

正好一位胖警员巡逻回来，听到她和值班警员啰唆，就过来关心怎么回事，却发现明雪很面熟：“咦？你不是上次在恒南路帮忙寻找人质的小侦探吗？因为你的推理，我们才能在屏鹅公路拦下歹徒，救出人质，我对你印象很深刻呢！”（请见《学化学来破案1》之《银牙识途》）

“对，就是我！”明雪也认出对方是当时开巡逻车的警察，便急忙向他请求要立即见林茵一面。

胖警员弄清来龙去脉后，立刻向主管报告。在他的强力保证下，主管终于同意请警察暂时带开张小姐，让明雪私下和林茵交谈。

明雪开门见山就说：“林老师，做笔录时如果说谎会加重刑罚，请你三思，务必悬崖勒马！”

“说谎？我说什么谎？”林茵虽脸色有异，但仍嘴硬。

明雪镇定地说：“你告诉我们蔡先生已经回台北，但事实上他受伤了，可能还留在垦丁。他到底怎么受伤的？现在人在哪里？快点向警方坦白，免得铸成大错！”

林茵吃惊地问：“你怎么知道他受伤了？”

明雪拿出两张紫外反射摄影的照片：“这是惠宁早上在会议室拍的，另外这张则是下午在社顶公园拍的，主角都是你，你看看有什么不同？”

两张照片上，林茵都穿着黑色T恤，但下午拍摄的照片中，T恤上多了许多深色斑点。

知道露出马脚的林茵，脸上露出惊恐的表情。

“你对紫外反射摄影很在行，应该知道这种摄影技术在刑事鉴定上，可用来检验血迹、火药、涂改的笔迹等。因为你穿黑色T恤，就算沾上几滴血也看不出来，所以在社顶公园时没人发现异状，但在紫外反射摄影下却无所遁形。我曾在张倩阿姨的实验室看过她用紫外反射摄影找出血迹，当我看到这两张照片，就知道中午你和蔡先生独处时出事了——他不但受伤，血迹还喷溅在你身上。”

林茵仍在犹豫是否要全盘托出。

明雪温言提醒她：“你身上这件T恤一直没机会换下，我可以请警方立刻送去化验，这是骗不了人的。现在除了担心你在做笔录时说谎，我还担心蔡先生的安危——他受的伤是否严重？他真的离开垦丁了吗？”

承受不了内心折磨的林茵泪流满面，终于承认：“我们走到饭店后面那座树林时，他突然要求解除婚约，我们因此发生争吵。我一气之下推了他一把，没想到他却跌倒在地，头部撞到岩石而血流满面。我喊他几声，他都没有响应，我一时心慌，就跑回来了。”

明雪立即告知外面的警察，请他们协助搜寻：“蔡先生可能还在饭店后面的树林里，他受伤了，你们快去救人！”

胖警员和搭档一马当先打开警笛，开着巡逻车马上出发了。

林茵后悔万分，喃喃自语：“我不是存心要害家廷，他实在太伤我的心，加上刚才张小姐盛气凌人，我咽不下这口气，才不想当她的面承认。”

不久，胖警员传来好消息：他已找到受伤昏迷的蔡家廷，并立即将他送医。

疲累的明雪回到饭店时，发现惠宁为她留了点饭菜，十分感激。大约八点，胖警员离开医院后就直接到饭店找明雪，再次对她的破案功力赞不绝口：“幸好你突破林茵的心理防线，我们才能及时救出蔡家廷。医师说他失血过多，再迟一点送医，可能就有生命危险了。”

明雪虽挂着笑容，心中却没有一丝欢喜，她为林茵老师感到惋惜。

科学小百科

紫外反射摄影是特殊摄影的一种，如文中所述，因为人类肉眼无法看到可见光以外的光，例如紫外线及红外线，所以透过紫外反射摄影可帮助人们找到许多刑事证据，例如血迹、唾液、分泌物、排泄物、化学溶液、窜改笔迹，及附着在陶瓷等物体上的指纹等。

红外线摄影则多用在夜间拍摄，尤其是军事侦察，让军队即便在完全黑暗的环境中，也能看清周围环境，准备作战。

由于红外光波较长，丝质或尼龙材质等布料反射较少，造成红外光穿透丝织物，被下方物体反射，如此一来，丝织物等于呈半透明状态，就是所谓的透视功能。不过对于棉、麻等布料，红外线的穿透效果较差。

我喜欢看侦探故事书，但是对化学还不太懂，看到《学化学来破案》这本书，先翻了几页，就被吸引住了。原来并不需要学习多高深的化学知识就能看得懂，从有趣的生活故事中就能学到这么多的化学知识，真是太好了，我以后再也不怕学化学了。其中有个故事叫《当局者“醚”》太吸引我了，因为我也很想解剖青蛙，所以我就想看看他们是怎么做的。原来他们是先用麻醉药——乙醚，让青蛙昏迷，这样可以使青蛙不疼。另外，乙醚还可以麻醉人。书中的高中生因为了解这个知识，还帮警察抓住了装神弄鬼的坏人，真是太神奇了。我也想有这样的化学老师，也想好好学习化学。

还有个故事叫《焰色反应》，我知道了某些金属离子在燃烧时会出现不同颜色，这就是焰色反应，原来五颜六色的烟花就是根据焰色反应的原理做成的。我还很喜欢书中的主人公，能用化学知识破案，太神奇了。所以如果长大以后想当侦探，一定先要学好化学哦！

河南省巩义市子美外国语小学四年级　康淩璧

《学化学来破案》这套书让我发现，原来化学一点儿也不难，生活中的许多现象都是化学，让我从这些有趣的侦探故事中初步认识并爱上了化学课。这套书里的每一个人物都性格分明，有自己的特点，每一个故事都那么引人入胜，让人身临其境。这些故事中，最让我印象深刻的是《酒不醉人》，通过描写明雪如何品尝红酒，引出“神秘果”，最后与醉酒撞车案相联系而破案。总而言之，机智勇敢的明雪，聪明却懵懂的明安，负责任的李雄警官，都是我学习的榜样，相信我以后一定会学好化学课的。

湖南省长沙市岳麓区实验小学五年级　向珂

化学是什么？它一直给我一种很神秘、很厉害、很难懂的感觉。小时候，我也曾经跟着兴趣班的老师做过跟化学有关的实验。教室前面的大台子上摆着大大小小的瓶瓶罐罐，老师说它们叫试管和烧杯，还有一些叫酒精灯和坩埚。老师像变魔术一样，把这里面的水加到那个里面去，或者再往那个里面加一些粉末，然后瓶子里面发生了奇妙的变化，或者颜色变了，或者连续不停地往外喷泡沫。好有趣啊！好神奇啊！好厉害啊！但是它跟我有什么关系呢？化学就像隔离在我的生活之外的东西一样，很神秘，让人不明就里，而且离我很远，仿佛很难。

但是，《学化学来破案》让我改变了对化学的看法。原来，我们生活在一个充满化学的世界，生活中化学无处不在，吃的、穿的、用的、玩的，都离不开化学。热敏纸打印出文字的原理，如何让铁皮上磨掉的字迹重新显现，警察又是怎样鉴定遗嘱的真伪，这些有意思的故事都是化学知识，这些可能被讲得很深奥的化学知识都变成了故事。一个个描写生动、扣人心弦的故事就这样不动声色地把化学介绍给了我。这本书为我打开了一个崭新而且奇妙的世界，它等着我去探索。我今年刚刚上初一，化学是初三才开设的课程，好期待啊！

北京市海淀区教师进修学校附属实验学校初中一年级　陈信雅

我是一名初二学生，还没有正式学化学，所以当妈妈给我拿来这本书的时候还满心抱怨。但是因为平时喜欢侦探类的小说，周末忙里偷闲试着翻了翻竟然一口气读完了。开始我只是沉浸在故事本身，情节跌宕起伏，有时在我认为结局已定的时候故事又来个峰回路转。当然不管犯罪分子如何充满心机，最终都没能逃脱明雪的慧眼，落入法网。但后来我读到《黑心漂白》，想到家里妈妈有时也用漂白剂，新奇之下仔细阅读了"科学小百科"部分，惊喜地发现故事里原来暗藏着这么多科学道理，并且和生活关系如此密切。之后我还很郑重地提醒妈妈千万不要把漂白剂和其他清洁剂混在一起使用，俨然一个小管家的样子。另外我不得不说"科学小百科"哪里只有化学知识，像酒精检测、血液检测明明还渗透着生物和物理小知识嘛！

北京市上地实验学校初中二年级　卓明昊

我一口气看完了《学化学来破案》，对于我这个已经学过化学的初三学生来说还是受益匪浅的。书中有很多关于化学破案的知识，有些是我学过的，比如《口水之战》，知道二氧化碳可让淀粉溶液变混浊。但是却不知道，原来一点点口水就能检测出人的DNA，从而找出罪犯。比如《飞来一笔》，知道原来从一个字就能用化学检测出是否使用了不同的墨水，从而查出遗嘱是否被修改过。陈伟民老师真是写故事的高手，能把这么多的化学知识，甚至物理知识、生物知识融入一个个小故事中，让我看一遍就能记忆深刻，比在课堂上学到的知识更容易记得住，而且还能在生活中发现，原来这些也是化学知识的应用呢！真希望能把作者请到我们学校当化学老师啊，这样我的化学成绩肯定会突飞猛进的！

北京市育英学校初中三年级　魏禹谋